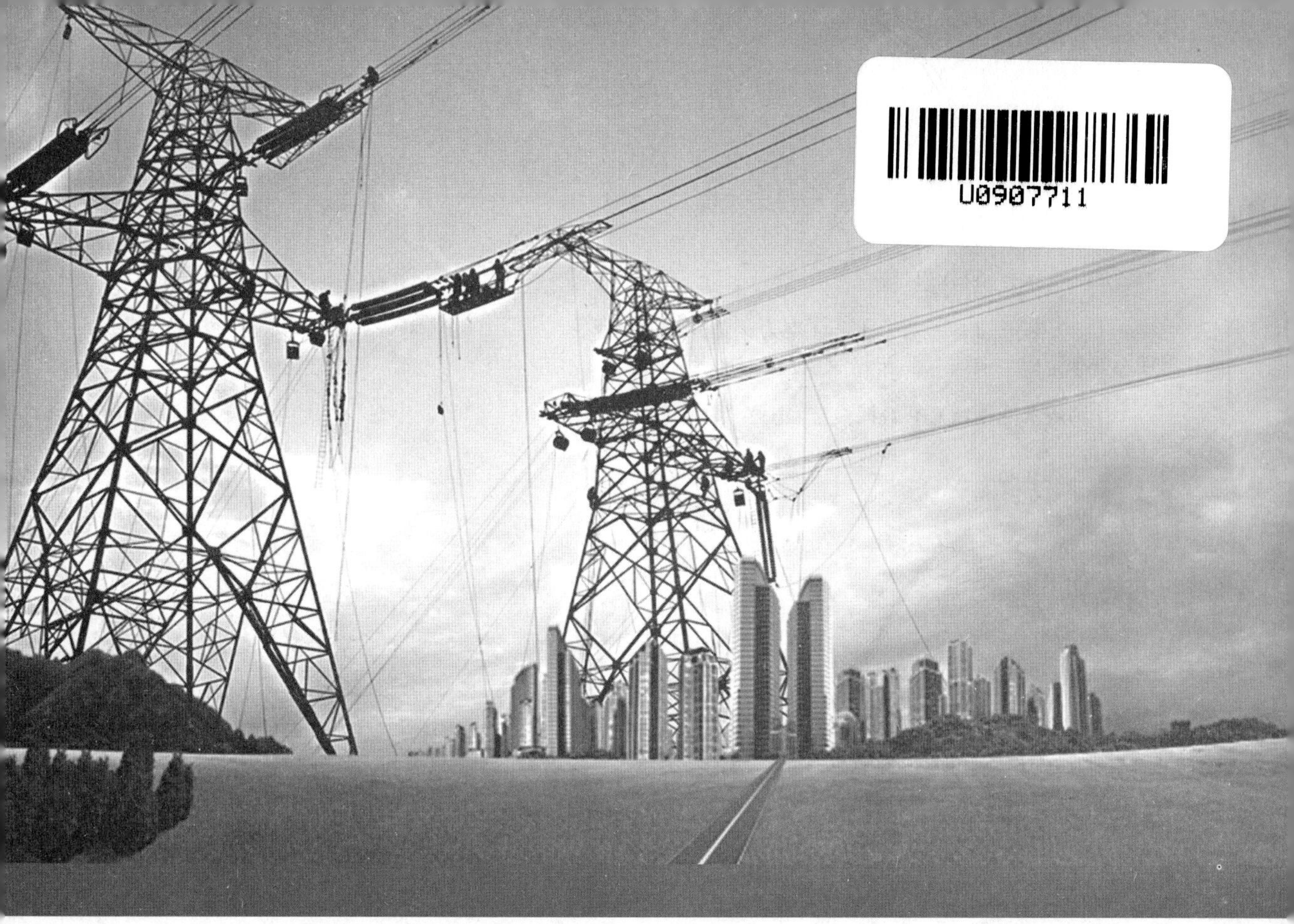

电网企业安全督查工作手册

刘志存 ■ 主编

中国原子能出版社
China Atomic Energy Press

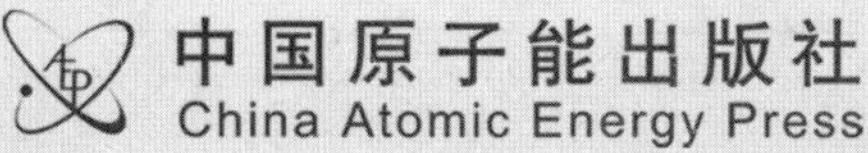

图书在版编目（CIP）数据

电网企业安全督查工作手册 / 刘志存主编 . -- 北京 : 中国原子能出版社 , 2022.12

ISBN 978-7-5221-2411-7

Ⅰ . ①电… Ⅱ . ①刘… Ⅲ . ①电力工业—工业企业管理—安全管理—中国—手册 Ⅳ . ① TM08-62

中国版本图书馆 CIP 数据核字 (2022) 第 228269 号

电网企业安全督查工作手册

出版发行　中国原子能出版社（北京市海淀区阜成路 43 号 100048）

责任编辑　潘玉玲

责任印制　赵　明

印　　刷　北京天恒嘉业印刷有限公司

经　　销　全国新华书店

开　　本　787mm × 1092mm　1/16

印　　张　8

字　　数　201 千字

版　　次　2022 年 12 月第 1 版　　2022 年 12 月第 1 次印刷

书　　号　ISBN 978-7-5221-2411-7　　　　定　　价　76.00 元

前言

为准确把握“保人身、守底板”的核心职能，坚持“工作不停、监控不断”的稽查工作要求，聚焦视频、现场安全稽查在管控作业风险和遏制现场违章方面作用的有效发挥，本手册紧紧围绕每日作业任务执行的监督与管控，以实用性和可操作性为导向，强化作业安全关口前置的管控机制，梳理作业全过程中易发生高风险违章行为的关键环节，明确当值视频、远程安全稽查的工作内容与标准，指导值班人员精准掌握作业风险，有效管控现场作业行为，助力实现“一中心、一平台”一体化管控，安全保证体系、安全监督体系双重发力，“四个管住”全面落实。

本实用操作手册分为市县一体化联合稽查工作机制、安全管控中心值班运转工作任务、安全管控中心稽查重点、现场作业违章行为稽查要点、安全风险管控平台常用操作指引、典型违章示例共六个章节，对安全管控中心市县一体化安全稽查工作的管理机制、人员组成、管控要素、稽查重点、检查方式与手段进行了介绍，其中，第三章“安全管控中心稽查重点”的整体框架与国网公司“四个管住”评价体系的重点高度契合，将“四个管住”评价工作融入到安全管控中心常态化运转中，有效地增加安全管控中心对各单位安全管理工作的支撑力度。

第一章“市县一体化联合稽查工作机制”介绍了安全管控中心整合安全稽查力量、有效发挥安全监督职能的市县一体化总体工作原则，具体的实施办法各单位可结合自身工作实际进行细化。

第二章“安全管控中心值班运转工作任务”通过分析省公司安全管控中心工作手册，结合视频稽查值班人员职责，重点介绍了安全管控中心视频值班具体工作任务，明确了各个工作步骤的工作要求和具体做法。

第三章“安全管控中心稽查重点”按照安全生产“四个管住”工作要求，结合国网公司“四个管住”工作评价方案，对计划、队伍、人员、现场等管控要素进行了详细的介绍，明确了检查对象、检查手段和规范要求，对日常通报内容进行了说明。

第四章“现场作业违章行为稽查要点”紧扣“保人身”这一主线，结合历年人身伤亡事故案例经验教训，从防触电、防倒杆、防高坠、防中毒或窒息、防机械伤害五个方面对安全稽查的要点进行了梳理，并重点针对行为违章，指导稽查人员在视频或现场稽查过程中把握住关键环节。

第五章“安全风险管控平台常用操作指引”图文并茂地介绍了网页端、手机端安全督查，安全准入核查，无记录停电核查等监督体系、保证体系相关人员对安全风险管控平台的常用操作实例,便于平台的推广和应用。

第六章“典型违章示例”主要介绍了安全管控中心通过视频、现场安全稽查查处的管理、行为、装置三个方面的典型违章。

本手册具有较强的针对性、实用性和可操作性，主要供各级安全管控中心安全稽查人员在视频或现场稽查中参考使用，也可用于指导各类安全生产相关人员强化作业组织管理和规范作业行为。

目 录

第一章　市县一体化联合稽查工作机制 …… 1

第一节　市县一体化安全稽查队伍构成及职责 …… 1

第二节　市县一体化安全稽查工作机制 …… 2

第二章　安全管控中心值班运转工作任务 …… 4

第三章　安全管控中心稽查重点 …… 8

第一节　管住计划 …… 8

第二节　管住队伍 …… 13

第三节　管住人员 …… 15

第四节　管住现场 …… 17

第四章　现场作业违章行为稽查要点 …… 21

第一节　防触电 …… 21

第二节　防倒杆 …… 28

第三节　防高坠 …… 32

第四节　防中毒、窒息 …… 33

第五节　防机械伤害 …… 35

第五章　安全风险管控平台常用操作指引 …… 38

第六章　典型违章示例 …… 56

第一章　市县一体化联合稽查工作机制

以有效管控作业安全风险为导向，充分挖掘市、县公司安全管控中心安全稽查力量，构建监督资源协同共享、安全风险齐抓共管的市县一体化安全稽查体系；建立一套机动灵活的安全稽查机制，根据作业安全风险分析统筹调度市县安全稽查队伍，实现安全稽查力量的精准投送，促进安全稽查工作市县一体同向发力。

第一节　市县一体化安全稽查队伍构成及职责

安全管控中心市县一体化安全稽查队伍由市、县公司安全管控中心、安全稽查队全体人员组成，市公司安监部统筹做好职责分工，统一调配稽查人员开展工作；市县一体化安全稽查队伍人员的绩效考核、工作评价统一由市公司安监部组织开展。根据各单位实践经验，典型的职责分工如下。

一、市公司安监部

（1）负责组建市县一体化安全稽查队伍，提出人员选拔任用意见，对稽查人员工作质量进行评价考核。

（2）制定安全稽查工作方案，监督、指导、检查稽查人员工作任务执行情况，组织针对性的业务培训。

（3）统筹制定本单位现场及视频稽查计划，合理调度稽查队伍人力资源，分配稽查任务，推进工作落实。

（4）结合安全综合评价、“四个管住”评价、绩效考核、安全奖惩规定，对安全监督检查结果展开应用。

二、县公司安监部

（1）组建本单位安全稽查队伍，提出人员选拔任用意见，做好全面参与市县一体化安全稽查的工作保障。

（2）做好本单位作业风险分析，制定本单位安全稽查工作计划并报备市公司安监部，开展本单位安全稽查工作。

（3）落实市县一体化安全稽查工作部署，开展安全稽查结果应用。

三、市、县公司安全管控中心、安全稽查队

主要负责按照市公司安监部的统一部署，规范执行安全稽查工作，落实各项安全稽查工作任务。

第二节　市县一体化安全稽查工作机制

第一，实施安全稽查人员市县一体化考核评价，市公司安监部坚持按照"属地办公、统筹调度、交叉稽查、垂直考评"的原则对市、县两级安全管控中心、安全稽查队进行一体化管理，对全体人员进行直接考评。

（1）市公司安监部对市县一体化安全稽查人员统一开展员工绩效考核，考核结果反馈给党委组织部直接评定绩效等级。

（2）市公司安全管控中心负责市县一体化安全稽查人员日常考勤记录。

第二，市公司安监部根据作业计划，组织做好作业安全风险分析，以风险管控为导向，统一部署市域范围内现场、视频安全稽查工作，制订安全稽查计划，明确稽查工作分工，分配定向安全稽查和机动安全稽查工作任务。

第三，市、县安全管控中心、安全稽查队按照市公司安监部制定的监督计划，有序开展视频及现场安全稽查工作，其稽查结果经市公司审定通过后由市公司安监部发布。

（1）市、县安全管控中心视频稽查值班人员使用市公司安全管控中心统一账号在安全风险管控平台进行安全稽查，发现违章行为直接在平台进行记录，市公司可根据工作需要，针对高风险作业现场或重点作业环节开展定点视频稽查。

（2）针对现场稽查任务，按照"交警式"现场监督执法标准，县公司稽查队优先开展本县域范围内现场作业的安全稽查，稽查范围涵盖市公司作业现场；市公司结合作业风险分析制订交叉互查、定向稽查计划，有针对性地调度现场稽查力量。

（3）视频及现场安全稽查情况需每日反馈至市公司安全管控中心，市公司安监部对稽查记录、现场监督检查单、违章整改通知书进行核定，检查违章内容、违章定性是否准确，

并及时下发安全稽查结果。

第四，市、县公司安监部将安全稽查结果应用于安全综合评价和“四个管住”工作评价，根据评分标准进行考核。监督违章单位的整改闭环情况，对整改质量进行检查评价。

第五，建立例会制度，每周固定时间召开周安全稽查工作汇报会议，县公司安排至少一名安全稽查工作负责人到市公司汇报周安全稽查工作情况，汇报内容主要针对视频及现场稽查发现的违章情况；每月结合安全工作情况召开市县一体化安全稽查的全员会议，布置稽查工作重点，宣贯上级管理要求。

第六，开展市县一体化安全稽查人员培训，针对安全稽查重点、安全风险管控平台使用、现场监督执法标准等内容开展专题培训，组织经验交流。

第七，在安全管控中心市县一体化工作中表现突出的县公司人员，按照市公司安全综合评价方案，作为对市公司安全生产重点工作支撑有力的加分因素，对所属县公司在安全综合评价中予以加分奖励。

第二章 安全管控中心值班运转工作任务

按照“作业不停、监控不断”原则，排定安全管控中心值班计划，以合理分配值班工作时间、高效发挥安全稽查工作职能为目标，明确视频稽查值班工作流程和各环节的主要工作内容。

一、报岗与值班准备

（1）安全管控中心值班报岗时间应在上午 8：30 前且早于当日三级及以上作业风险计划性工作任务的开工时间。

（2）设备检查。值班人员应全面检查监控屏、值班区域摄像头、内外网监控计算机、值班录音电话工作状态，确保其运行正常。

（3）值班人员应在下午 9：00 前完成对市公司安全管控中心值班报岗情况的检查。

二、值班负责人分配监管计划

（1）结合近期风险情况、天气情况及临时任务、抢修作业特点，提出监管工作重点。

（2）1 值对高风险作业现场进行视频稽查。

（3）2 值对市、县公司安全管控中心履职情况进行检查督促。

三、值班人员视频轮巡（主要由 1 值负责）

（1）各级安全管控中心对二级风险作业做到 100% 全覆盖视频稽查，省公司安全管控中心对 5% 的三级风险作业现场进行视频稽查，地市（县）公司安全管控中心对三级风险作业做到 100% 全覆盖视频稽查，各级安全管控中心对每个现场进行视频稽查的时间不得低于 2 分钟，针对视频稽查的现场，应在安全管控平台填写视频稽查记录。

（2）值班负责人应分配好安全管控中心值班人员和显示屏等硬件设施，着重对关键作业环节开展视频稽查，针对涉及放紧线、杆塔拆除或组立、跨越施工、带电作业、开关柜、站内大型机械、有限空间等高风险作业和“重点关注名单”施工单位承揽的工程，应按照本手册第四章“现场作业违章行为稽查要点”进行重点视频稽查，其高风险作业环节还应反复稽查。

（3）利用调度全时空、输电全景等系统（如配网精益化系统、统一视频平台、内外网安全生产风险管控平台、用采系统、调度大运行系统等）核查现场勘察准确性；检查队伍、人员资质是否齐全；检查作业计划、工作票、安全交底内容是否对应；检查工作票签发、许可、安全措施等环节是否正确完备；通过视频监控系统检查现场安全措施是否落实、作业人员行为是否规范；检查到岗到位和安全稽查情况。

（4）通过关键字段查询，全面梳理是否存在高风险作业风险定级错误的情况。

（5）结合视频稽查，核查是否存在现场风险辨识不全，造成风险定级不准的问题（如近电作业、有限空间作业等）。

（6）检查三级及以上作业是否及时绑定球型摄像机（简称球机），检查球机是否在线、摆放位置是否合理、是否对准作业核心区域等。

（7）稽查过程中发现违章后及时进行线上处理。

四、队伍、人员准入检查（主要由2值负责）

（1）核查上级单位、省公司发布的黑名单、重点关注名单中的施工单位是否承揽公司工程情况，并分类进行管控。

（2）核查队伍资质是否到期，一个月内即将到期的及时予以预警提示。

（3）每日抽查作业现场已准入人员资质是否齐全、真实。

（4）通过系统筛选未准入人员并进行分析。

（5）对重点人群分布、年龄结构等进行分析，对存在的问题进行重点稽查。

五、作业信息上传检查（主要由2值负责）

（1）检查是否在计划录入时按要求上传现场勘察及作业方案。

（2）检查作业文本是否及时上传、是否齐全、上传照片是否清晰等。

（3）检查所有的验电、接地、地脚螺栓、锚桩、有限空间通风检测等关键措施照片是否及时上传。

六、下级安全管控中心值班情况检查（主要由2值负责）

（1）检查市公司安全管控中心监控球机是否在线，值班人员是否在岗、履职。

（2）每日下午 5：00 检查市公司安全管控中心是否对三级及以上风险现场稽查评价全覆盖。

七、到岗到位与安全督查情况检查（主要由 2 值负责）

（1）检查现场是否按要求到岗到位。

（2）检查是否按照《到岗到位检查要点》上传防触电、防高坠、防倒杆、防机械伤害、防中毒或窒息等相关措施照片。

八、异常信息处理

（1）对于严重及以上违章行为，要电话提醒作业现场负责人立即予以整改，并告知下级安全管控中心。

（2）处理违章申诉。

（3）对智能识别的现场违章情况进行甄别。

九、计划执行情况核对（主要由 2 值负责）

（1）检查各专业作业计划是否全口径纳入线上管控，安排稽查人员对疑似无记录停电作业、工程量与计划明显不匹配等情况进行现场核查。

（2）核对开工、完工时间。一是核实作业现场开工及时性，每日上午 10：00 前比对计划开工时间与实际开工时间，重点核查差距较大的现场；二是核实提前完工 / 收工，每日下午 16：00 根据工作量核实完工时间的合理性，对存在问题的进行现场稽查。

十、编辑值班日报（主要由 2 值负责）

（1）对当日（周）作业计划管控、队伍人员管控、现场管控、稽查违章情况等进行总结，形成日（周）报，稽查现场所发现问题的判定规则详见第三章。编辑值班日报的要点如下。

①值班管理方面。

▪ 值班计划和值班报岗情况：通过安全风险管控平台智能开展信息查询，将未按要求进行报岗的情况记入日报内容。平台查询方式见第五章“安全风险管控平台常用操作指引”中的“值班报岗与值班情况检查”内容。

▪ 值班纪律：在值班过程中通过内网视频球机、电话抽查等手段检查下级安全管控中心值班人员视频稽查的情况，将擅离职守、在岗不履责的情况记入日报的内容。

②管住计划方面。

▪ 文本上传：对于需要开展现场勘察和编制施工方案的作业项目，重点检查是否按要求在录入计划时上传现场勘察及作业方案，将未按要求上传的作业现场纳入日报内容。

▪ 线上管控：重点检查作业计划未纳入安全风险管控平台的问题，并将问题纳入日报内容。检查方法见本手册第三章“安全管控稽查重点”。

▪ 风险定级：对照《典型生产作业风险定级库》和国家电网有限公司标准《输变电工程建设施工安全风险管理规程》（Q/GDW 12152—2021），重点检查作业现场风险定级是否准确，将作业风险定级错误的作业现场纳入日报内容。

③管住队伍方面。

▪ 核查上级单位、省公司发布的黑名单、重点关注名单中的施工单位是否承揽公司工程的情况，分类进行管控。

▪ 核查队伍资质是否到期，一个月内即将到期的及时予以预警提示。

④管住人员方面。

▪ 每日抽查作业现场已准入人员资质是否齐全、真实。

▪ 通过系统筛选未准入人员并进行分析。

▪ 对重点人群分布、年龄结构等进行分析，对存在的问题进行重点稽查。

⑤管住现场方面。

▪ 异常状态：核实计划开工时间与实际开工时间存在较大差距及提前收工完工的作业现场，对于明显不合理的情况进行核查并纳入日报内容。

▪ 球机应用：重点对球机是否及时绑定、是否在线、是否对准作业现场核心区域、是否存在故意遮挡等违规行为进行核查，并将违规行为纳入日报内容。

▪ 作业文本：对作业现场关键作业文本，如工作票、现场勘察记录、安全交底等，是否按要求上传进行核查，不满足要求的纳入日报内容。

▪ 关键措施：对验电、接地、地脚螺栓、锚桩、有限空间通风检测等关键安全措施是否及时上传进行核实，未按要求上传关键措施照片的纳入日报内容。

▪ 到岗到位：重点核查高风险作业现场是否按照相应层级要求进行到岗到位履职、是否按照《到岗到位检查要点》规范上传关键安全措施照片，不满足要求的纳入日报内容。

▪ 稽查评价：核查各级安控中心是否对三级及以上风险作业现场进行稽查评价全覆盖，不满足管控要求的纳入日报内容。

（2）对无记录停电、市公司安全管控中心履职等情况进行统计分析，并通过短信推送给相关负责人。

第三章　安全管控中心稽查重点

本章以“四个管住”为主要框架，详细介绍在安全管控中心工作过程中应重点管控的内容、具体的检查方法和工作标准，并结合国网公司“四个管住”工作评价的要求，将安全管控中心应参与的评价工作融入其中。针对工作过程中发现的问题，按照违章等级进行反违章闭环处理。

第一节　管住计划

一、计划全面性

（一）检查内容

检查作业计划是否全面纳入线上管控的情况，检查作业计划是否覆盖所有专业，检查是否存在无计划作业的行为。

（二）检查方法

（1）通过调度部门发布的停电计划，核对停电作业是否纳入平台管理；通过专业部门相关信息、系统、记录等，核对全口径作业计划是否纳入平台管理。如通过比较营销专业2.0系统、95598停电信息或抢修信息报备与安全风险管控平台作业任务的差异，发现无计划作业行为。

（2）核对无记录停电信息，检查报备材料的真实性和报备的及时性，发现无计划作业行为。

（3）通过现场安全稽查或视频稽查发现无计划作业行为，包括充分应用站内视频监控球机、输电全景管控平台球机。

（三）通报内容

对计划全面性的评价以动态评价为主、周期性评价为辅。动态评价为在日常督查过程中对发现的计划全面性问题进行记录并通报，周期性评价是结合月度评价分单位统计作业计划的专业覆盖情况，对计划覆盖专业全面性的问题进行核对。

二、计划内容规范性

（一）检查内容

检查作业计划基本信息的规范性。已发布的作业计划应包括工作内容、作业时间、作业地点、作业人数、专业类型、工作性质、风险等级、风险要素、作业单位、工作负责人及联系方式、到岗到位人员。

（二）检查方法

通过安全风险管控平台计划录入的条件进行约束，作业计划必须录入完整信息后方可发布，在日常督查中对作业信息的规范性、正确性进行检查。如作业内容与实际工作内容是否对应，作业内容的风险等级是否与安全生产标准相符，工作性质、风险等级选择是否正确，等等。

（三）通报内容

对如下问题进行及时通报：作业计划未按要求履行计划编审、发布；作业信息内容不规范，未按要求包含全部作业信息或工作内容、作业地点、风险级别关键字段不规范；作业内容、作业地点、风险级别与实际作业现场不符。

三、计划执行规范性

（一）检查内容

核对各单位周计划作业任务数量占周执行任务总数量的比重和月计划作业任务数量占月执行周计划作业任务数量的比重。

（二）检查方法

周计划执行占比通过安全风险管控平台作业信息自动统计；月计划执行占比仅统计停电作业计划，用各单位每月报调度的停电计划数量与该单位月度执行的周计划数量进行比较来计算月计划执行占比。

（三）通报内容

对周计划执行占比低于 80%，月计划执行占比低于 80% 的单位进行通报。

四、风险识别

（一）检查内容

（1）作业任务列入计划前，各单位应根据作业类型、作业内容规范组织开展现场勘察，进行风险辨识，制定风险防控措施，编制施工方案。

（2）现场勘察应包括工作地点需停电的范围和保留的带电部位等内容。现场勘察应填写现场勘察记录，作为风险评估定级、编制“三措一案”[a]以及填写和签发工作票的依据。

（3）作业计划录入时应准确、全面选择关键风险源。

（二）检查方法

（1）对未执行的高风险作业计划的现场勘察和施工方案进行检查，四级风险作业100%检查，三级风险作业按每个单位5%的比例进行抽查。

（2）结合现场及视频稽查，对正在开工的作业任务进行检查。

（3）利用安全风险管控平台，参考实际工作内容，检查作业任务的关键风险源选择是否准确、全面。

（三）通报内容

（1）需要现场勘察的作业项目，未按要求规范组织开展现场勘察。

（2）需要现场勘察的作业项目，平台内未见现场勘察记录或勘察关键内容（停电范围、带电部位等）不全。

（3）现场勘察记录关键内容（停电范围、带电部位、危险点等）与现场实际不符。

（4）安全风险管控平台关键风险源选择错误。

五、风险评估定级

（一）检查内容

根据作业内容对风险评估定级的准确性进行检查。

（二）检查方法

结合现场、视频安全稽查，依据《典型生产作业风险定级库》和国家电网有限公司标准《输变电工程建设施工安全风险管理规程》（Q/GDW12152—2021）工作要求进行核对。

a “三措一案”指施工组织措施、技术措施、安全措施和施工作业方案。

（三）通报内容

（1）作业风险定级覆盖不全面。

（2）作业风险定级不准确。

六、管控措施制定

（一）检查内容

作业风险评估定级完成后，作业单位应根据现场勘察结果和风险评估定级的内容制定有效的管控措施，编制审批"两票"和"三措一案"。作业风险管控措施由作业班组、相关专业管理部门和单位分级策划制定，并经逐级审批后执行。

（二）检查方法

现场勘察应由施工作业项目管理单位组织，设备运维管理人员、施工作业负责人、大型机械作业人员共同参与，依据现场实际情况，分析作业风险、明确作业方法并填写现场勘察记录；施工方案应在现场勘察记录的基础上由施工作业负责人组织编制，规范履行编、审、批手续，杆塔拆除、有限空间作业、跨越架搭拆等需要专项施工方案。对四级风险作业施工方案进行 100% 检查，对三级风险作业按照 5% 的比例进行抽查，重点对风险辨识的全面性、防控措施的针对性进行检查。

（三）通报内容

（1）现场勘察和风险评估定级内容未在现场勘察、施工方案、工作票中予以明确体现，存在"两张皮"问题。

（2）现场勘察、施工方案风险辨识不全面，作业方法不正确，管控措施与现场实际不符，安全措施缺失。

（3）工作票、施工方案等未按要求履行审批手续。

七、作业风险管控督查例会

（一）检查内容

省公司、地市公司级单位按周组织作业风险管控工作督查会议，对所属单位作业风险管控工作情况进行督查。

（二）检查方法

要求各地市、省检修公司和送变电公司在发布作业风险管控督查例会会议纪要时同步抄送安全管控中心公共邮箱，并对会议内容进行检查；结合“四不两直”[a] 安全督查，对各单位安全风险管控督查例会进行现场督查。

（三）通报内容

（1）未按周组织作业风险管控工作督查会议。

（2）督查例会未按要求由副总师及以上负责同志主持。

（3）对上级在周督查例会中所布置工作不落实。

（4）督查例会内容不规范、讨论作业风险专业覆盖不全面。

八、作业风险公示告知

（一）检查内容

（1）地市（县）公司级单位、二级机构按照“谁管理、谁公示”原则，以审定的作业计划、风险等级、管控措施为依据，每周日前对本层级（不包含下层级）管理的下周所有作业风险进行全面公示。地市（县）公司级单位作业风险内容由安监部汇总后在本单位网页公告栏内进行公示；各中心、项目部等二级机构均应在醒目位置张贴作业风险内容。

（2）风险公示内容应包括作业内容、作业时间、作业地点、专业类型、风险等级、风险因素、作业单位、工作负责人姓名及联系方式、到岗到位人员信息。

（3）各单位、专业、班组应充分利用工作例会、班前会等，逐级组织交代工作任务、作业风险和管控措施，并通过移动作业 App 从上至下将“四清楚”[b] 任务传达到岗、到人。

（二）检查方法

每周要对 4 家地市级单位及其县级单位进行在线抽查，并将作业风险公示信息与安全风险管控平台信息进行比对核实，县级单位的检查结果应用于其所属地市级单位。结合现场安全稽查工作对各单位线下公示情况进行检查。

（三）通报内容

（1）每周日前地市（县）公司级单位、二级机构未及时对本层级（不含下层级）管理的下周所有作业风险进行全面公示。

（2）地市（县）公司级单位作业风险内容未在本单位网页公告栏内进行公示。

---

a “四不两直”是一项安全生产暗查暗访制度，分别指“不发通知、不打招呼、不听汇报、不用陪同接待、直奔基层、直插现场”。

b “四清楚”指危险点清楚、作业程序清楚、安全措施清楚和作业任务清楚。

(3)各中心、项目部等二级机构未在醒目位置张贴作业风险内容。

(4)风险公示内容不全,未按要求包含全部作业风险信息。

(5)未利用工作例会、班前会等逐级组织交代工作任务、作业风险和管控措施。

(6)未通过移动作业 App 从上至下将“四清楚”任务传达到岗、到人。

第二节 管住队伍

一、队伍准入

(一)检查内容

(1)各单位应建立企业安全资信档案,对进入公司生产经营区域从事生产、建设、营销等现场作业的内外部施工单位,包括系统内施工企业(各级送变电公司、生产单位)和社会施工企业,实施全覆盖管理。

(2)资信条件检查要点。

①具备有效的营业执照和法人代表资格证书;具备有效的专业资质证书。

②具备准入合格的工作票签发人、工作负责人。

③未在“黑名单”或“重点关注名单”禁入时限内。

(3)资信审核要求。

①地市(县)公司级单位专业部门受理本专业承包单位安全资信报备资料,审核验证后组织录入安全风险管控平台;安监部复审后,经单位负责人审批通过后统一发布。

②业务承揽企业安全资信信息在同一省公司级单位、同一时间范围内必须保持唯一。

(二)检查方法

(1)针对现场、视频安全稽查中发现违章的外包(分包)施工队伍,应对其安全资信档案进行重点检查,并对违章单位进行反违章记分。

(2)对于安全资信档案的检查,应主要依托安全风险管控平台开展,在必要时检查其相关资信材料的原件。

(3)企业资质证书的有效性应通过住建部、应急管理部、能源局等政府主管部门的官方网站进行核查。

(4)承包单位准入合格的工作票签发人、工作负责人应线下经过发包单位组织的施工作业队伍关键人员准入考试合格。

（5）“黑名单”与“重点关注名单”已通过安全风险管控平台自动进行准入限制，无法完成线上准入，应重点检查有无线下私自参与现场施工的情况。

（三）通报内容

（1）未在安全风险管控平台内建立企业安全资信档案。

（2）队伍准入管理覆盖不全面，未对进入公司生产经营区域从事生产、建设、营销等现场作业的内外部施工单位实施全覆盖管理。

（3）已进入现场作业的队伍未上传营业执照和法人代表资格证书等资料，或证书已失效。

（4）不具备准入合格的工作票签发人、工作负责人。

（5）在“黑名单”或“重点关注名单”禁入时限内的仍进入现场参与施工作业。

（6）未按要求履行审核程序。

二、动态评价

（一）检查内容

（1）对承包单位实行全过程安全记分管理，并将相关记分和不良安全行为记录到安全风险管控平台。

（2）各单位应每半年定期发布队伍安全准入情况，通报业务承揽企业资信报备和动态评价情况，并传达至全部业务承揽企业。

（3）对承包单位安全资信报备实行动态管理，如果企业信息发生变动，应及时向相关发包单位申请变更并记录在安全风险管控平台。每年定期清理安全风险管控平台内长期（3~5 年）不承揽业务的单位的安全资信备案信息，并履行书面告知手续。

（二）检查方法

（1）对承包单位的违章记分应全省联动进行。对于省、市、县三级安全稽查中发现的各类违章，应根据违章等级对承包单位进行违章记分，根据安全风险管控平台内的违章记录核对是否对承包单位的违章行为进行线上记分。

（2）结合现场安全稽查检查各单位针对外（分）包队伍的违章记分发布情况，通过询问、书面检查等方式抽查是否传达至全部业务承揽企业。

（三）通报内容

（1）未根据安全事件级别、违章等级对业务承揽企业实施安全记分管理。

（2）未及时根据违章情况对企业记分或者记分不准确、不相符。

（3）未定期通报业务承揽企业资信报备和动态评价情况。

（4）安全风险管控平台内长期（3~5 年）不承揽业务的单位的安全资信备案信息未及时清理。

三、考核退出

（一）检查内容

“黑名单”和“重点关注名单”由省公司统一管理并审定发布，各单位负责落实约谈警告、停工整顿、限制招标和采购等相关处理措施。

（二）检查方法

约谈警告、停工整顿应通过书面形式进行记录，并留存照片或影像等实证，各单位安监部应监督本单位专业管理部门与物资部门对“黑名单”与“重点关注名单”的应用情况，检查各单位“黑名单”与“重点关注名单”的应用办法，通过电子商务平台（ECP2.0）检查招标采购结果。

（三）通报内容

（1）未落实约谈警告、停工整顿、限制招标和采购等对应处理措施。

（2）未明确“黑名单”与“重点关注名单”的应用办法或具体实施细则。

第三节　管住人员

一、人员准入

（一）检查内容

（1）各单位应建立人员安全资信档案库，对进入公司生产经营区域从事现场作业的人员，包含系统内员工（主业、省管产业单位员工、农电工）和外来人员，实施全覆盖管理。

（2）准入考试应统一安排现场监考，考场设置监控设备，安排专人远程视频监考。

（3）安全准入考试应通过平台模块采取线上考试方式，考试结果及合格情况应及时记录至作业人员安全资信档案，作为安全准入的必要条件。

（二）检查方法

（1）在集中准入和动态准入过程中结合现场稽查、视频稽查对考场纪律进行检查和通报。

（2）对考场视频监控设备的绑定情况进行统计，通报未 100% 绑定球机的单位。

（3）对安全风险管控平台自动识别的人员准入异常信息进行重点检查核对，从人员准入管理、安全风险管控平台应用方面分别进行分析。

（三）通报内容

（1）准入管理覆盖不全面，未对进入公司生产经营区域从事现场作业的人员，包含系统内员工和外来人员，实施全覆盖管理。

（2）每年定期组织开展作业人员准入考试时人员覆盖不全。

（3）准入考试结果未记入安全资信档案。

二、动态管控

（一）检查内容

（1）各单位应实施人员实名制登记管理，对承包单位及其作业人员实施全过程动态安全评价管理，准确落实安全失信惩处措施，强化承包单位和现场作业人员安全责任履行。

（2）对作业人员进行全过程安全记分管理，并将相关记分和不良安全行为记录到安全风险管控平台。

（3）在一个评价周期内（一年）作业人员的安全记分实行累积，并作为作业人员动态安全评价分级的标准。

（二）检查方法

（1）在现场安全稽查中要应用人脸识别功能对现场作业人员进行抽查，检查是否规范履行线上人员准入手续。

（2）根据一个检查周期内的违章线上记录情况检查所有作业人员的违章记分档案情况，核对是否履行对应的违章惩处措施，支撑材料包含违章记分档案、罚款记录、安全专项奖励扣除情况。

（3）对于安全风险管控平台内录入的特种作业证、人员保险等信息，应通过政府主管部门官方网站进行核对。

（三）通报内容

（1）未实施人员实名制管理或未持证上岗。

（2）地市、县级单位专业管理部门未及时将参与本专业作业的人员信息录入平台并与业务承揽企业相关联，作业人员信息包括人员证件、报考专业、联系方式等。

（3）未根据安全事件级别、违章等级和违章记分标准实施安全记分管理。

（4）未及时根据违章情况对人员进行记分或者记分不准确、不相符。

第四节 管住现场

一、作业组织

(一)检查内容

(1)核实作业人员是否具备安全准入资格、特种作业人员是否持证上岗、特种设备是否检测合格。

(2)核实作业所必需的工器具和安全防护用品,确保合格有效。

(3)按要求装设视频监控终端等设备,并通过安全风险管控平台与作业计划进行关联。

(4)工作许可人、工作负责人共同做好现场安全措施的布置、检查及确认等工作,必要时对安全措施进行补充、完善并做好记录;安全措施布置完善前禁止作业。

(二)检查方法

(1)对于人员准入、持证上岗的检查结果纳入“管住人员”工作评价,安全工器具、特种作业设备、大型机械的检查应参照第四章“现场作业违章行为稽查要点”,核对防触电、防高坠、防机械伤害的重点措施。

(2)工作负责人应将现场关键安全风险因素的防控措施上传至安全风险管控平台的对应模块,包括验电、接地线、标示牌等,考虑到现场工作实际情况,针对变电专业验电环节的现场实际工作图片,工作负责人可以不全部上传,但必须确保接地线图片上传完整。

(3)通过视频稽查和现场稽查对视频监控终端的装设位置进行检查,装设位置应能监控到关键作业环节的作业过程。

(4)通过安全风险管控平台自动统计三级及以上作业风险监控终端的规范使用情况,包括球机绑定覆盖率、球机使用及时率。

(三)通报内容

(1)通过现场稽查、视频稽查、调阅安全风险管控平台作业信息资料,发现人员准入、安全工器具、施工器具等问题。

(2)三级及以上风险作业的球机覆盖率未达到100%。

(3)现场球机及时开机和关机情况,各个作业现场应在到达现场时绑定作业任务,作业完成后先收工或完工再关闭球机,系统自动统计到达现场后超过半小时开机和关闭球机后超过半小时收工/完工的情况,按月进行统计。

二、安全交底

（一）检查内容

工作负责人办理工作许可手续后，在工作票记录许可开工时间，在安全风险管控平台点击开工；组织全体作业人员开展安全交底，在安全风险管控平台留存工作许可（工作票）、安全交底卡、现场交底图片的影像资料。

（二）检查方法

现场安全稽查重点根据现场实际情况对安全交底的内容进行检查，安全风险应交代全面，相应的风险防控措施应清晰、明确且具有针对性，现场作业人员应全部履行签字确认手续，视频稽查应根据工作内容对安全交底的内容进行检查，现场稽查、视频稽查均应对安全交底信息的规范上传情况进行重点检查。

（三）通报内容

（1）系统自动统计安全交底信息的上传情况，统计上传率未达到 100% 的问题。

（2）视频稽查、现场稽查发现安全交底不规范问题，如关键安全风险分析不全面、未严格履行签字确认手续。

三、措施执行

（一）检查内容

现场作业过程中，工作负责人、专责监护人应始终在作业现场，严格执行工作监护和间断、转移等制度，做好现场工作的有序组织和安全监护。工作负责人应根据“先勘察、后方案、再计划”的前置管控成果和现场作业实际情况，重点抓好作业过程中危险点管控。

（二）检查方法

通过安全风险管控平台上传的资料对现场管控措施的落实情况进行检查。对周计划中上传的管控资料（现场勘察单、施工方案或作业“三措”）完整性、准确性进行检查。

（三）通报内容

（1）系统自动统计现场勘察、施工方案（“三措一案”）、工作票的上传情况，统计缺少现场勘察或施工方案的问题。

（2）上传的管控措施资料应根据作业内容包含对应的防触电、防高坠、防倒杆、防有限空间伤害、防机械伤害等措施，通过现场、视频安全稽查核对关键安全风险管控措施的资料上传和实际管控情况，记录漏传或管控措施执行不到位的问题。

四、到岗到位

（一）检查内容

（1）二级风险作业应有地市公司级单位领导体系人员进行现场督察。

（2）对于三级及以上风险作业，相关地市级单位的项目管理部门、专业管理部门、县公司级单位负责人或管理人员在作业前应到岗到位。

（3）到岗到位人员应根据现场作业的实际内容，利用安全风险管控平台上传对应的关键风险管控措施图片，具体包括防触电、防倒杆、防高坠、防中毒（窒息）、防机械伤害的安全管控措施。

（二）检查方法

（1）系统自动对到岗到位人员关键安全风险管控措施图片上传的情况和到岗到位的覆盖情况进行统计。

（2）结合现场、视频安全稽查对到岗到位上传管控措施图片进行针对性检查。

（三）通报内容

（1）到岗到位覆盖率未达到 100%。

（2）到岗到位履责不规范，包括未全面上传关键安全风险管控措施的图片和图片上传没有针对性。

五、现场督察

（一）检查内容

现场督察是上级安全监督管理部门对下级安全监督管理部门履责的检查，检查内容有如下几方面。

（1）视频稽查情况。上级单位对下级单位的现场作业情况进行视频稽查，对各个作业现场安全措施布置、作业实施、两票执行、到岗到位等关键环节进行管控，发现违章行为后及时落实反违章处罚措施，同时进行“四个管住”评价扣分。

（2）违章查处。各级安全监督体系人员发现违章行为后应立即制止、纠正，应用安全风险管控平台做好违章记录。

（3）单位督察覆盖情况。上级单位应对所属二级单位进行 100% 安全稽查。

（4）专业覆盖情况。各级单位现场安全稽查应覆盖有作业任务的所有专业，做到安全稽查专业全覆盖。

（5）分级覆盖情况。针对四级风险作业，各级单位应做到现场、视频安全稽查双全覆盖；对于三级风险作业，市、县级单位应做到视频稽查 100% 覆盖、现场稽查 50% 覆盖。

（二）检查方法

（1）各级安全管控中心针对放紧线、杆塔拆除或组立、跨越施工、带电作业、开关柜、站内大型机械、有限空间等高风险作业，按照第四章中关键安全风险的防控要点进行安全稽查，及时在安全风险管控平台记录违章行为。

（2）违章查处、安全稽查的覆盖情况由安全风险管控平台自动统计。

（三）通报内容

（1）下级单位未通过安全风险管控平台记录查处违章情况，查处违章定性不准确，未规范履行闭环整改流程。

（2）安全稽查单位覆盖率按月统计，上级单位未对所属二级单位进行 100% 安全稽查。

（3）安全稽查专业覆盖率按月统计，上级单位未对本单位和所属二级单位的各专业作业任务进行全覆盖安全稽查。

第四章　现场作业违章行为稽查要点

梳理组立、拆除铁塔，放、紧线，装、拆地线等关键作业风险点的高风险违章行为，指导值班人员有针对性地开展稽查。

第一节　防触电

一、防高压触电

（一）变电专业防高压触电工作要求

1. 停电

（1）停电检修时必须断开所有送电至工作设备各侧的开关、刀闸等，并断开控制电源和电机电源，隔离开关（刀闸）操作把手也应锁住，确保不会误送电（任何运行中的星形接线设备的中性点应视为带电设备）。

（2）禁止在只经断路器（开关）断开电源或只经换流器闭锁隔离电源的设备上工作。

（3）应通过拉开隔离开关（刀闸）、手车开关拉至试验或检修位置，使各方面有一个明显的断开点，若无法观察到停电设备的断开点，应有能够反映设备运行状态的电气和机械等指示。

（4）应将与停电设备有关的变压器和电压互感器各侧断开，防止其向停电检修设备反送电。

典型违章如下。

（1）现场实际或工作票所列应拉开的开关或隔离开关未拉开。

（2）变压器或电压互感器防反送电措施不完善。

2. 验电

（1）挂接地线前应对设备进行验电，验电过程中应规范使用绝缘防护装备。

（2）应使用与设备电压等级相符、功能完好且在试验周期内的验电器。

（3）验电器的伸缩式绝缘棒长度应拉足，验电时手应握在手柄处且不得超过护环，人体应与验电设备保持《电力安全工作规程》规定的安全距离。

典型违章如下。

（1）验电时未规范佩戴绝缘手套。

（2）验电器或绝缘防护装备已经损坏。

（3）验电器或绝缘防护装备未在规定试验周期内。

3. 接地

（1）当验明设备确已无电压后，应立即将检修设备可靠接地并三相短路。

（2）电缆及电容器接地前应逐个充分放电，星形接线电容器的中性点应接地，串联电容器及与整组电容器脱离的电容器应逐个多次放电，装在绝缘支架上的电容器外壳也应放电。

（3）对于可能送电至停电设备的各方面都应装设接地线或合上接地刀闸（装置），所装接地线与带电部分应充分考虑接地线摆动时仍符合安全距离的规定。

（4）接地线应使用专用的线夹固定在导体上，禁止用缠绕的方法进行接地或短路。

典型违章如下。

（1）接地线安装不规范，连接部位松动。

（2）接地线破损。

（3）接地线未有效安装在设备的导电部位。

（4）站内接地线连接后未对接地桩加挂机械锁具。

4. 设置围栏与标牌

（1）电源拉开后，应在开关、隔离刀闸操作把手上悬挂醒目的“禁止合闸，有人工作！”或“禁止合闸，线路有人工作！”标示牌。

（2）在室外高压设备上工作时，工作地点四周应装设围栏，出入口要围至临近道路旁边，并悬挂“从此进出！”标示牌。围栏上朝向里面悬挂“止步，高压危险！”标示牌；若室外配电装置的大部分设备停电，只有个别地点保留带电设备而其他设备无触及带电导体的可能时，在带电设备四周装设全封闭围栏，围栏朝向外面悬挂“止步，高压危险！”标示牌。

（3）在邻近其他可能误登的带电构架上应悬挂“禁止攀登，高压危险！”标示牌。

典型违章如下。

（1）未规范设置围栏或警示标示牌，导致工作区域与带电设备安全距离不足。

（2）误入带电间隔、误登带电设备。

（3）标示牌设置错误或遗漏。

（4）跨越围栏。

5. 其他防高压触电工作要求

（1）室内母线分段部分、母线交叉部分及部分停电检修易误碰有电设备的，应设有明显标志的永久性隔离挡板（护网）。

（2）待用间隔（母线连接排、引线已接上母线的备用间隔）应有名称、编号，并列入调度管辖范围。其隔离开关（刀闸）操作手柄、网门应加锁。

（3）在手车开关拉出后，应观察隔离挡板是否可靠封闭，严禁开启隔离挡板进行工作。封闭式组合电器引出的电缆备用孔或母线的终端备用孔应用专用器具封闭。

（4）进行高压试验前，同一电气连接部分上的检修施工人员应离开被试设备，加压前应检查被试设备确无作业人员并大声呼唱。

（5）试验装置的金属外壳应可靠接地；高压引线应尽量缩短，并采用专用的高压试验线，必要时采用绝缘物支持牢固。试验现场应装设遮栏或围栏，遮栏或围栏与试验设备高压部分应有足够的安全距离，向外悬挂“止步，高压危险！”标示牌，并派人在此看守。被试设备两端不在同一地点时，另一端还应派人看守。

（6）变更接线或试验结束时，应首先断开试验电源、放电，并将升压设备的高压部分放电、短路接地。试验结束时，试验人员应拆除自装的接地短路线，并对被试设备进行检查，恢复试验前的状态，经试验负责人复查后，进行现场清理。

典型违章如下。

（1）擅自打开开关柜隔离挡板进行工作。

（2）变更试验接线或清理现场时未对被试设备进行充分放电。

（3）试验过程中未安排专人对试验现场或被试设备两端进行看护。

（二）输电专业防高压触电工作要求

（1）在带电线路杆塔上的工作。

应使用绝缘无极绳索，风力应不大于 5 级，并设有专人监护。如工作人员与带电导线不能保持安全距离时，应按照带电作业工作或停电进行。

典型违章如下。

①需要停电线路，实际未停。

②工作无人监护。

（2）邻近或交叉其他电力线路的工作。

停电检修的线路如与另一回带电线路相交叉或接近，以致工作时人员和工器具可能和另一回导线接触或接近至安全距离以内，则另一回线路也应停电并予以接地。

如邻近或交叉的线路不能停电时，应遵守以下规定：

①邻近带电的电力线路进行工作时，有可能接近带电导线至安全距离以内时，应做到以下要求。

▪ 采取有效措施，使人体、牵引绳索、拉绳、施工机具等与带电导线符合安全距离规定。

▪ 作业的导、地线还应在工作地点接地。绞车等牵引工具也应接地。

②在交叉档内松紧、降低或架设导、地线的工作，只有停电检修线路在带电线路下面时才可进行，应采取防止导、地线产生跳动或过牵引而与带电导线接近至安全距离以内的措施。停电检修的线路如在另一回线路的上面，而又必须在该线路不停电情况下进行放松或架设导、地线以及更换绝缘子等工作时，应采取安全可靠的措施。安全措施应经工作人员充分讨论后，经部门（车间、工区、公司、中心）批准才能执行。措施应能保证如下方面。

▪ 检修线路的导、地线牵引绳索等与带电线路的导线应保持安全距离。

▪ 要有防止导、地线脱落、滑跑的后备保护措施。

③在变电站、发电厂出入口处或线路中间某一段有两条以上相互靠近的平行或交叉线路时，要求如下。

▪ 每基杆塔上都应有线路名称。

▪ 经核对停电检修线路的线路名称无误，验明线路确已停电并挂好接地线后，工作负责人方可宣布开始工作。

▪ 在该段线路上工作，登杆塔时要核对停电检修线路的线路名称无误，并设专人监护，以防误登有电线路杆塔。

（3）同杆塔架设多回线路中部分线路停电的工作。

①同杆塔架设的多回线路中部分线路停电或直流线路中单极线路停电检修时，应在作业人员与带电导线最小距离不小于安全距离下进行。

②如遇有 5 级以上的大风时，禁止在同杆塔多回线路中进行部分线路停电检修工作及直流单极线路停电检修工作。

③停电检修线路的称号应特别注意正确填写和检查，多回线路中的每回线路（直流线路每极）都应填写双重称号。

④为了防止在同杆塔架设多回线路时误登有电线路及直流线路中有电极，还应采取以下措施。

▪ 每基杆塔应设识别标记（色标、判别标帜等）和线路名称。

▪ 工作前应发给作业人员相对应线路的识别标记。

▪ 经核对停电检修线路的识别标记和线路名称无误，验明线路确已停电并挂好接地线后，负责人方可发令开始工作。

▪ 登杆塔和在杆塔上工作时，每基杆塔都应设专人监护。

▪ 作业人员登杆塔前仔细核对停电检修线路的识别标记和线路名称无误后，方可攀登。登横担处时，应再次核对停电线路的识别标记与双重称号，确认无误后方可进入停电线路侧横担。

⑤在杆塔上工作时，不准进入带电侧的横担，或在该侧横担上放置任何物件。

⑥绑线要在下面绕成小盘再带上杆塔使用。禁止在杆塔上卷绕或放开绑线。

⑦在停电线路一侧吊起或向下放落工具、材料等物体时，应使用绝缘无极绳圈传递，物件与带电导线应保持一定安全距离。

⑧放线或撤线、紧线时，应采取措施防止导线或架空地线由于摆（跳）动或其他原因而与带电导线接近至危险距离。在同杆塔架设的多回线路上，如果下层线路带电，上层线路停电作业时，不准进行放、撤导线和地线的工作。

（4）一回线路检修（施工），其邻近或交叉的其他电力线路需进行配合停电和接地时，应在工作票中列出相应的安全措施。若配合停电线路属于其他单位，应由检修（施工）单位事先书面申请，经配合线路的设备运维管理单位（部门）同意后再实施停电、接地。

（5）填用数日内工作有效的第一种工作票，每日收工时如果将工作地点所装的接地线拆除，次日恢复工作前应重新验电挂接地线。对于经调度允许的连续停电、夜间不送电的线路，工作地点的接地线可以选择不拆除，但次日恢复工作前应派人检查。

（6）断开耐张杆塔引线或工作中需要拉开断路器（开关）、隔离开关（刀闸）时，应先在其两侧装设接地线。

（7）接地线拆除后，应即认为线路带电，不准任何人再登杆进行工作。

（8）禁止作业人员穿越未经验电、接地的 10 kV 及以下线路对上层线路进行验电。

（9）跨越架搭设工作要求。

①跨越架的中心应在线路中心线上，宽度应超出所施放或拆除线路的两边各 2.0 m，架顶两侧应装设外伸羊角。跨越架与被跨电力线路应不小于安全距离，否则就应停电搭设。

②跨越不停电线路时，施工人员严禁在跨越架内侧攀登或作业，并严禁从封顶架上通过。跨越架、操作人员、工器具与带电体之间的最小安全距离必须符合规定要求。新建线路的导引绳通过跨越架时，应使用绝缘绳作引绳。

③跨越架搭设至拆除时段内全过程必须设有专人看护，随时调整承载索与被跨越物之间的安全距离，及时反馈牵引情况，保证牵引绳和导地线及走板不触及防护网，夜间需

加强看护跨越设施。

④跨越 10 kV 及 0.4 kV 电力线路的作业，可采用电缆替代的临时过渡方案，省公司建设部组织华电设计院、宏源设计院，安徽送变电公司讨论制定架空输电线路跨越 10 kV 及 0.4 kV 线路临时电缆过渡设计方案、施工方案、造价说明和典型设计图集，以供参考。

⑤跨越 10 kV 及 0.4 kV 电力线路的作业，没有条件采用电缆替代的，应遵守以下原则。

▪ 跨越 10 kV 及 0.4 kV 裸导线线路，必须采取“停电搭拆跨越架，带电跨越”方式。

▪ 跨越 10 kV 及 0.4 kV 绝缘导线线路，应优先采取“停电搭拆跨越架，带电跨越”方式。当采取带电搭拆跨越架时，搭拆跨越架作业期间按四级作业风险进行管控。

⑥跨越 35 kV 电力线路的作业，原则上应停电跨越施工。确实无法停电的，应执行“必须停电实施封、拆网及搭拆跨越架，允许带电跨越”的管理要求；鼓励研究采用电缆替代方案。

⑦非电缆替代的带电跨越施工期间，跨越处现场按四级作业风险进行管控。各建设管理单位负责组织现场“到岗到位”督查，并留有管理痕迹备查。

⑧跨越裸导线线路，必须采取停电；不停电跨越绝缘导线线路时按四级作业风险进行管控。

（10）验电、接地方面的通用工作要求参考变电。

（三）配电专业防高压触电工作要求

（1）停电检修必须断开所有送电（包括低压反送电）至工作设备各侧的开关、刀闸、熔断器等，并悬挂醒目的“禁止合闸，有人工作！”或“禁止合闸，线路有人工作！”安全标示牌。在配电双电源、多电源用户接入点和有反送电可能的高低压电源侧，还应悬挂“禁止合闸，线路有人工作！”等醒目安全标示牌。

典型违章如下。

①未将工作地点各来电侧的电源断开。

②未规范设置警示标示牌。

（2）应在工作地段可能来电的各侧（包括 400 V 低压线路）装设接地线（工作地段内有可能反送电的各分支线都应接地）。同杆塔架设的线路停电登杆作业，杆塔上所有 10 kV 及以下电力线路必须停电并接地。对于因交叉跨越、平行或邻近带电线路、设备导致检修线路或设备可能产生感应电压时，应加装接地线或使用个人保安线。接地线或个人保安线应完好，并装设牢固。

（3）设置围栏与标牌。高压试验现场为防止其他人员误入、触电，应设置安全围栏，向外悬挂“止步，高压危险！”标示牌。

（4）登杆塔前，确认线路名称、杆号准确无误，验明线路确已停电并挂好接地线；严防误登有电线路，登杆应在有人监护的情况下进行。登杆时不得穿越未经停电接地的有电线路（包括低压）。同杆架设多回线路部分停电作业，每基杆塔都设专人监护。

典型违章如下。

①登杆前未确认线路名称、杆塔编号。

②穿越带电线路验电、挂接地线。

（5）在带电线路或设备附近进行立撤杆，杆塔、固定或临时拉线、起重设备及绳索应与带电线路、设备保持安全距离（如与低压电力线路的距离大于 1.5 m，与 10 kV 电力线路的距离大于 2 m 等）。放线、撤线与紧线时，应控制导线摆（跳）动，保持与带电线路的安全距离（如与 10 kV 及以下电压线路保持 1 m 及以上距离）。雷电时，禁止在线路上进行杆塔作业。遇到 5 级及以上大风时应立即停止作业。高压架空绝缘导线停电检修，开断或接入绝缘导线前应做好防感应电措施。配电高压试验前，同一电气连接部分上的检修施工人员应撤离。

（6）验电方面的通用工作要求参考变电。

（7）接地，跨越架搭设、拆除方面的工作要求参考输电。

二、防低压触电

（1）低压回路停电工作前应验电。

（2）所有电气设备的金属外壳均应有良好的接地装置。使用中不准将接地装置拆除或对其进行任何工作。

（3）现场发电机供电系统应设置可视断路器或电源隔离开关及短路、过载保护。电源隔离开关分断时应有明显可见的分断点。

（4）电动机械或电动工具应做到“一机一闸一保护”。移动式电动机械应使用绝缘护套软电缆。

（5）检修动力电源箱的支路开关都应加装剩余电流动作保护器（漏电保护器）并应定期做好检查和试验。

（6）禁止将电流互感器二次侧开路（光电流互感器除外）；禁止将短路电流互感器二次绕组，应使用短路片或短路线，禁止用导线缠绕。

（7）使用有绝缘柄的工具，其外裸的导电部位应采取绝缘措施，防止操作时相间或相对地短路。低压电气带电工作时应戴手套、护目镜，并保持对地绝缘。禁止使用锉刀、金属尺和带有金属物的毛刷、毛掸等工具。

三、防感应电

（1）在 330 kV 及以上电压等级的带电线路杆塔上及变电站构架上作业时，应采取穿着静电感应防护服、导电鞋等防静电感应措施（在220 kV线路杆塔上作业时宜穿导电鞋）。

（2）在 ±400 kV 及以上电压等级的直流线路单极停电侧进行工作时，应穿着全套屏蔽服。

（3）带电更换架空地线或架设耦合地线时，应通过金属滑车可靠接地。

（4）绝缘架空地线应视为带电体。作业人员与绝缘架空地线之间的距离应不小于 0.4 m（与 1000 kV 架空地线之间的距离至少为 0.6 m）。如需在绝缘架空地线上作业时，应使用接地线或个人保安线将其可靠接地或采用等电位方式进行。

（5）用绝缘绳索传递大件金属物品（包括工具、材料等）时，杆塔或地面上的作业人员应将金属物品接地后再接触，以防被电击。

（6）同杆塔架设多回线路中部分线路停电的工作，绞车等牵引工具应接地，放落和架设过程中的导线亦应接地，以防止产生感应电。

（7）工作地段如有邻近、平行、交叉跨越及同杆塔架设线路，为防止停电检修线路上感应电压伤人，在需要接触或接近导线工作时，应使用个人保安线，加装的接地线应记录在工作票上。

（8）在邻近或跨越带电线路采取张力放线时，牵引机、张力机本体、牵引绳、导地线滑车、被跨越电力线路两侧的放线滑车都应接地。操作人员应站在干燥的绝缘垫上，且不得与未站在绝缘垫上的人员接触。

第二节　防倒杆

一、线路立塔前防倒塔风险

（一）铁塔基础养护方面

铁塔基础在符合下列规定时方可组立铁塔。

（1）经中间检查验收合格。

（2）分解组立铁塔时，混凝土的抗压强度应达到设计强度的 70%。

（3）整体立塔时，混凝土的抗压强度应达到设计强度的 100%；当立塔操作采取有效防止基础承受水平推力的措施时，混凝土的抗压强度允许不低于设计强度的 70%。

以上需监理单位提供基础验收合格资料，施工、监理、业主单位提供立塔转序、放线转序检查验收确认等相关资料。

（二）地脚螺栓选用与安装方面

（1）已浇筑基础或已供货到现场的地脚螺栓，应与对应规格螺母配套安装使用，严禁地脚螺栓螺母“以大代小”。

（2）塔腿安装后地脚螺栓应即时安装两帽一垫，螺母安装至平扣，螺栓进行打毛处理。若立塔、架线过程中发现地脚螺栓未按要求安装两帽一垫，监理、施工单位及相应作业责任人将受从重处罚（清退该工程现场监理员，该工程施工单位停工整顿）。

（3）地脚螺栓螺母安装过程中，施工、监理单位应督促作业班组人员检验地脚螺栓与螺母配套使用情况，基本标准为螺母在螺栓上径向间隙不大于 0.5 mm（约 6 张书写纸厚度），发现疑问后应及时报告施工、监理单位复检，复检时应使用专用量具并实时记录检查情况。

二、线路立撤塔、放拆线施工过程中防倒塔风险

（1）立杆及修整杆坑时，应有防止杆身倾斜、滚动的措施，如采用拉绳和叉杆控制等。

（2）顶杆及叉杆只能用于竖立 8 m 以下的拔梢杆，禁止用铁锹、桩柱等代用。立杆前，应开好“马道”，作业人员要均匀地分配在电杆的两侧。

（3）利用已有杆塔立、撤杆时，应先检查杆塔根部及拉线和杆塔的强度，必要时增设临时拉线或其他补强措施。

（4）使用吊车立、撤杆时，钢丝绳套应挂在电杆的适当位置以防止电杆突然倾倒。吊重和吊车位置应选择适当，吊钩口应封好，并应有防止吊车下沉、倾斜的保护措施。起、落时应注意观察周围环境。

（5）使用抱杆立、撤杆时，主牵引绳、尾绳、杆塔中心及抱杆顶应在一条直线上。抱杆下部应固定牢固，抱杆顶部应设临时拉线控制，临时拉线应均匀调节并由有经验的人员控制。抱杆应受力均匀，两侧拉绳应拉好，防止左右倾斜。固定临时拉线时，禁止固定在有可能发生移动的物体上，或其他不牢固的物体上。

（6）整体立、撤杆塔前应进行全面检查，各受力、连接部位全部合格后方可起吊。立、撤杆塔过程中，吊件垂直下方、受力钢丝绳的内角侧禁止有人。杆顶起立离地约 0.8 m 时，应对杆塔进行一次冲击试验，对各受力点处做一次全面检查，确保无问题后再继续起立；杆塔起立至 70° 后，应减缓速度，注意各侧拉线；起立至 80° 时，停止牵引，用临时拉线

调整杆塔。

(7)立、撤杆作业现场中，不准利用树木或外露岩石作为受力桩。一个锚桩上的临时拉线不准超过两根，临时拉线不准固定在有可能发生移动或其他不可靠的物体上。临时拉线绑扎工作应由有经验的人员担任。临时拉线在永久拉线全部安装完毕承力后方可拆除。

(8)杆塔分段吊装时，上下段连接牢固后，方可继续进行吊装工作。分段分片吊装时，应将各主要受力主体连接牢固后，方可继续施工。

(9)杆塔分解组立时，塔片就位时应先低侧、后高侧。主材和侧面大斜材未全部连接牢固前，不准在吊件上作业。提升抱杆时应逐节提升，禁止提升过高。单面吊装时，抱杆倾斜不宜超过15°；双面吊装时，抱杆两侧的荷重、提升速度及摇臂的变幅角度应基本一致。

(10)对于已经立起的杆塔，回填夯实后方可撤去拉绳及叉杆。回填土块直径应不大于30 mm，回填应按规定分层夯实。基础未完全夯实牢固和拉线杆塔在拉线未制作完成前，禁止攀登。杆塔施工中不宜用临时拉线过夜；需要过夜时，应对临时拉线采取加固措施。

(11)检修杆塔时不准随意拆除受力构件，如需要拆除时，应事先做好补强措施。调整杆塔倾斜、弯曲、拉线受力不均或迈步、转向时，应根据需要设置临时拉线及其调节范围，并应设专人统一指挥。

(12)杆塔上有人时，不准调整或拆除拉线。

(13)紧线、撤线前，应检查拉线、桩锚及杆塔。必要时，应加固桩锚或加设临时拉绳。拆除杆上导线前，应先检查杆根，做好防止倒杆措施，在挖坑前应先绑好拉绳。

(14)禁止采用突然剪断导、地线的做法松线。

(15)对于放线、撤线工作中使用的跨越架，应使用坚固无伤且相对较直的木杆、竹竿、金属管等，且应具有能够承受跨越物重量的能力，否则可双杆合并或单杆加密使用。搭设跨越架时应在专人监护下进行。

(16)跨越架应经验收合格，每次使用前检查合格后方可使用。强风、暴雨过后应对跨越架进行检查，确认合格后方可使用。

(17)抱杆、缆风绳及地锚的选用和设置。

①选用的抱杆应经过计算或负荷校核。独立抱杆至少应有4根拉绳，人字抱杆至少应有两根拉绳并有限制腿部开度的控制绳，所有拉绳均应固定在牢固的地锚上，必要时经校验合格。

②抱杆的基础应平整坚实、不积水。在土质疏松的地方，抱杆脚应使用垫木垫牢。

③抱杆如有下列情况之一者禁止使用。

▪ 圆木抱杆：木质腐朽、损伤严重或弯曲过大。

▪ 金属抱杆：整体弯曲超过杆长的 1/600。局部弯曲严重、磕瘪变形、表面严重腐蚀、缺少构件或螺栓、裂纹或脱焊。

▪ 抱杆脱帽环表面有裂纹或螺纹变形。

④缆风绳与抱杆顶部及地锚的连接应牢固可靠。缆风绳与地面的夹角一般不大于 45°。

⑤地锚的分布及埋设深度应根据地锚的受力情况及土质情况确定。地锚坑在引出线露出地面的位置，其前面及两侧的 2 m 范围内不准有沟、洞、地下管道或地下电缆等。地锚埋设后应进行详细检查，试吊时应指定专人进行看守。

⑥弯曲和变形严重的钢质地锚禁止使用。

⑦木质锚桩应使用木质较硬的木料，存在严重损伤、纵向裂纹和出现横向裂纹时禁止使用。

三、防水泥杆倒杆工作要求

（1）登杆塔（以及上杆塔进行拆线、架线、紧线等）前应检查确认杆根、基础、电杆拉线牢固，确认水泥电杆无明显横向裂纹等。

（2）架设导线过程中（特别是紧线时），应设有专人指挥和监护，始终关注终端杆及拉线的受力情况（用牵引机紧线，严禁因过牵引造成杆塔倾倒、断线）。拆除导线时，关注受力不平衡的电杆可能的最大受力情况；终端杆拆除时，关注其他直线杆的受力情况。

（3）施工线路跨越道路时，应施行防止车辆刮拽导线的措施，跨越架应按规范搭设，或封闭道路、设专人指挥。

（4）水泥杆埋深满足要求。一般 10 kV 水泥杆埋深为杆高 1/6，出厂时应标有埋深线，如 18 m 水泥电杆在离杆根 3 m 处设标注线。根据国网典型设计导则要求，10 kV 水泥杆立杆要装底盘和卡盘。在流沙土质、斜坡处立杆时，还要考虑加大埋深、杆基加固等防倒杆补强措施。

（5）已经立起杆塔，回填夯实后方可拆去拉绳及叉杆，回填应按照规定分层夯实。基础未完全夯实牢固、拉线杆塔未制作完成前，禁止攀登。

第三节 防高坠

一、安全带使用

(1)安全带的挂钩或绳子应挂在结实牢固的构件上，或专为挂安全带用的钢丝绳上，并采用高挂低用的方式。禁止挂在移动或不牢固的物件上，如隔离开关(刀闸)支柱绝缘子、CVT(电容式电压互感器)绝缘子、母线支柱绝缘子、避雷器支柱绝缘子等。

(2)作业人员上下杆塔、杆塔上转位及杆塔上作业时，手扶的构件应牢固，必须采取安全保护措施，并防止安全带从杆顶脱出或被锋利物损坏。

(3)在杆塔上作业时，应使用有后备保护绳或速差自锁器的双控背带式安全带，当后备保护绳超过 3 m 时，应使用缓冲器。安全带和后备保护绳应分别挂在杆塔不同部位的牢固构件上。后备保护绳禁止对接使用。

(4)上横担进行工作前，应检查横担连接是否牢固和腐蚀情况，检查时安全带(绳)应系在主杆或牢固的构件上。

(5)在相分裂导线上工作时，安全带(绳)应挂在同一根子导线上，后备保护绳应挂在整组相导线上。

二、其他防高坠工作要求

(1)进行攀登杆塔作业前，应先检查根部、基础和拉线是否牢固。新立杆塔在杆基未完全牢固或做好临时拉线前，禁止攀登。遇到冲刷、起土、上拔或导地线、拉线松动的杆塔，应先培土加固，打好临时拉线或支好架杆后，再行登杆。

(2)登杆塔前，应先检查登高工具、设施，如脚扣、升降板、安全带、梯子和脚钉、爬梯、防坠装置等是否完整牢靠。禁止携带器材登杆或在杆塔上移位。禁止利用绳索、拉线上下杆塔或顺杆下滑。攀登有覆冰、积雪、雨水等湿滑的杆塔时，应采取防滑保护措施。

(3)手扶的构件应牢固，必须采取安全保护措施，并防止安全带从杆顶脱出或被锋利物件损坏。

(4)高处作业应一律使用工具袋。较大的工具应用绳拴在牢固的构件上，工件、边角余料应放置在牢靠的地方或用铁丝扣牢，并有防止坠落的措施，不准随便乱放，以防止从高空坠落发生事故。

（5）禁止将工具及材料上下投掷，应使用绳索拴牢传递，以免打伤下方工作人员或击毁脚手架。

（6）使用梯子进行高处作业时，梯子应坚固完整，有防滑措施和限高标志，设专人扶梯，梯子严禁绑接使用。

（7）在杆塔上水平使用梯子时，应使用特制的专用梯子。工作前应将梯子两端与固定物可靠连接，一般应由一人在梯子上工作。梯子应坚固完整，且设有防滑措施。梯子的支柱应能承受作业人员及所携带的工具、材料攀登时的总重量。

（8）使用软梯、挂梯作业或用梯头进行移动作业时，软梯、挂梯或梯头上只准一人工作。作业人员到达梯头上进行工作和梯头开始移动前，应将梯头的封口可靠封闭，否则应使用保护绳防止梯头脱钩。

（9）采用登高工具跨越障碍物时，应当经过验电确认安全后方可跨越，跨越过程中必须采取安全保护措施。

（10）登杆塔时应设专人监护，不得一人单独登杆（实行登杆许可制）。

（11）严禁借助绳索、拉线上下杆塔或顺杆下滑。

（12）遇到雷电、大风等恶劣天气时，应停止露天高处作业。

第四节 防中毒、窒息

一、有限空间辨识

在电力工程施工中，有限空间作业的典型场景主要有深基坑作业、主变压器内检及安装作业、周边及地下环境复杂的电缆工井作业等。

（1）电力工程深基坑作业是指施工人员进入基坑深度超过 5 m（含 5 m）的掏挖基础、人工挖孔桩基础作业。

（2）电力工程主变压器内检及安装作业是指施工人员进入主变压器内部检查或安装的相关作业，属于全封闭空间作业。

（3）电力工程电缆工井作业是指施工人员进入周边或地下环境复杂、气体环境可能发生变化的地下工井处的相关作业。

二、有限空间风险管控稽查重点

（1）开展有限空间作业前必须做到“先通风、再检测、有监护、后作业”，严禁通风、检测不合格作业。

（2）进入有限空间作业前，应对作业环境危害状况进行风险分析，辨识危害因素，制定消除、控制危害的措施，编制“三措一案”（安全施工方案和应急救援预案），经本单位分管生产领导批准，报监理、业主单位审核备案后实施。

（3）有限空间作业场所应配备相关的呼吸器、防毒面罩、通信设备、安全绳索等应急装备和器材。

（4）风险管控平台作业任务风险因素包含“中毒”或“窒息”，则必须在平台上传通风换气、气体检测、检测结果记录的图片。

三、有限空间作业行为稽查重点

（1）作业前，应先开启地下有限空间的出入口、盖板等进行自然通风，自然通风时应在有限空间作业场所设置醒目警示标志。

（2）需要采用机械设备通风的作业场所，作业过程中应保持机械通风状态。严禁用纯氧进行通风换气。

（3）机械通风一般选择离心通风机（鼓风机），严禁使用螺旋桨式风扇进行通风作业。若处于易燃易爆环境中，必须使用防爆型排风机，防止发生火灾爆炸事故。

（4）机械通风优先选择橡胶材质的送风管，送风管应与所选通风机配套，连接应贴合严密，尽量少弯曲，以保证送风通畅。风管组装完成后应检查是否漏气，一旦发现破损应随时修补堵漏，保证风管状态良好。

（5）深基坑、电缆工井等野外作业使用发电机的，发电机要放置在下风口，通风机与气体检测仪应放置在上风口。通风机放置地点应能确保工作地段空气流通良好，通风机及发电机距离地面作业坑口距离不得小于 5 m。

（6）送风管应能够置于作业区底部，确保所有空间均能通风换气。

（7）有限空间内盛装或者残留的物料对作业存在危害时，作业前应先对物料进行清洗、清空或者置换，等待危险、有害因素符合相关要求后，方可进入有限空间作业。

（8）每个作业点均需配备检测合格、功能完好的气体检测仪器。气体检测仪一般为可燃性气体、一氧化碳、硫化氢、氧气四合一检测仪，必要时需根据作业特殊环境定制相应的气体检测仪。

（9）检测人员进行检测时，应当记录检测的时间、地点、气体种类、浓度等信息。检测记录经检测人员签字后存档。

（10）在经过多次通风换气后，气体检测结果仍不达标的，应停止作业，报告业主及设计单位，开展附近地址情况勘探，查清有毒有害气体来源。

（11）进入潮湿、有电气设备的有限空间及在潮湿的有限空间内使用电气设备时，作业人员应穿绝缘鞋。

第五节　防机械伤害

一、大型机械使用稽查重点

（1）起吊作业设有专人指挥和监护；禁止与工作无关的人员在起重工作区域内行走或停留。

（2）吊装前对各受力点进行重点检查，特别是对吊装钢丝绳（或吊带）进行外观检查，保证无断股、损伤等明显缺陷，吊钩应封口，各环节强度应满足荷重要求。

（3）禁止使用起重机械进行斜拉、斜吊和起吊地下埋设或凝固在地面上的重物以及其他不明重量的物体。

（4）吊索与物件的夹角宜采用 45° ~ 60°，且不得小于 30° 或大于 120°，吊索与物件棱角之间应加垫块。

（5）吊件吊起 100 mm 后应暂停，检查起重系统的稳定性、制动器的可靠性、物件的平稳性、绑扎的牢固性，确认安全无误后方可继续起吊。起吊易晃动的重物时应拴好控制绳。

（6）、在起吊、牵引过程中，受力钢丝绳的周围、上下方、转向滑车内角侧、吊臂和起吊物的下面，禁止有人逗留和通过。

（7）吊物上不可站人，禁止作业人员利用吊钩上升或下降。

（8）起重机行驶和作业的场地应保持平坦坚实，机身倾斜度不得超过制造厂的规定，其车轮、支腿或履带的前端、外侧与沟、坑边缘的距离不得小于沟、坑深度的 1.2 倍，小于 1.2 倍时应采取防倾倒、防坍塌措施。

（9）汽车式起重机作业前应支好全部支腿，支腿应加垫木。作业中禁止扳动支腿操纵阀；调整支腿应在无载荷时进行，且应将起重臂转至正前或正后方位。

（10）受力钢丝绳内角侧、绳圈内以及吊件垂直下方禁止有人逗留或随意穿行。

（11）使用机械牵引杆件上山时，应将杆身绑牢，钢丝绳不准触磨岩石或坚硬地面，牵引路线两侧 5 m 以内不准有人逗留或通过。重大物件不准直接用肩扛运，雨、雪后抬运物件时应有防滑措施。

（12）绞磨应放置平稳，锚固可靠，受力前方不准有人。锚固绳应有防滑动措施。作业时禁止向滑轮上套钢丝绳，禁止在卷筒、滑轮附近用手扶运行中的钢丝绳，不准跨越行走中的钢丝绳，不准在各导向滑轮的内侧逗留或通过。吊起的重物必须在空中短时间停留时，应使用棘爪锁住。拖拉机绞磨两轮胎应在同一水平面上，前后支架应受力平衡。绞磨卷筒应与牵引绳的最近转向点保持 5 m 以上的距离。

（13）放线、紧线与撤线工作时，人员不准站在或跨在已受力的牵引绳、导线的内角侧和展放的导、地线圈内以及牵引绳或架空线的垂直下方，防止意外跑线时被抽伤。在张力放线的全过程中，人员不准在牵引绳、导引绳、导线下方通过或逗留。

二、装卸搬运稽查重点

（1）装运电杆、变压器、线盘等应绑扎牢固，并用绳索将其绞紧。电杆、线盘的周围应塞牢，防止滚动、移动伤人。运载超长、超高或重大物件时，物件重心应与车箱承重中心基本一致。

（2）装卸电杆等物件时，应有防止散堆伤人的具体措施。整车电杆分散卸车时，每卸一根之前应防止其余电杆滚动；每卸完一处，应将车上其余电杆绑扎牢固后，方可继续运送。

（3）用管子滚动搬运重物时，应由专人在旁指挥。管子承受重物后两端应各露出约 30 cm，以便调节转向。手动调节管子时，应注意防止压伤手指。上坡、下坡时均应对重物采取防止下滑的措施。

（4）搬运器材、物件时应绑扎牢固，并用绳索绞紧。在继电保护装置、安全自动装置及自动化监控系统屏间的通道上搬运试验设备时，不能阻塞通道，要与通道保持一定距离。

（5）在户外变电站和高压室内搬动梯子、管子等长物时，应两人放倒搬运。搬运的过道应当平坦畅通，如在夜间搬运应有足够的照明。如需经过山地陡坡或凹凸不平之处，应预先制定运输方案，并采取必要的安全措施。

三、其他防机械伤害稽查重点

（1）高处作业人员禁止随意抛掷物件。

（2）展放余线的人员不得站在线圈内或线弯的内角侧。

（3）作业人员是否正确佩戴安全帽，并系紧帽带。

（4）高处作业人员的工具应设置尾绳。

（5）吊件垂直下方不得有人。

（6）在受力钢丝绳的内角侧不得有人。

（7）禁止在杆塔上有人时或倒杆半径内有人时通过调整临时拉线来校正杆塔倾斜或弯曲。

第五章 安全风险管控平台常用操作指引

一、值班报岗与值班情况检查

1. 值班报岗流程

当值人员使用本单位安全风险管控平台账号登录后，在左侧导航栏单击“值班管理”按钮，选择“值班日志”选项，然后再单击“报岗”按钮，打开安全生产风险管控平台 App 扫码即可完成当日报岗。如图 5-1 所示。

图 5–1

2. 查看报岗情况，如图 5-2 所示。

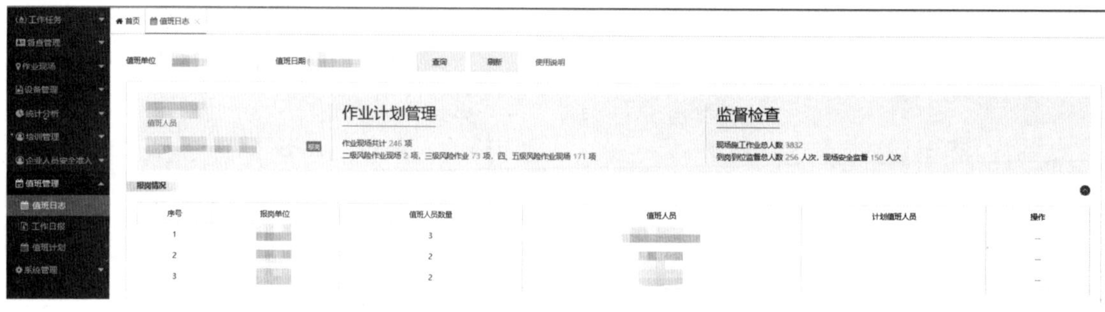

图 5–2

二、作业现场查纠核实

1. 安全风险管控平台视频稽查操作流程

（1）单击“作业现场”→“视频监控”按钮，如图 5-3 所示。

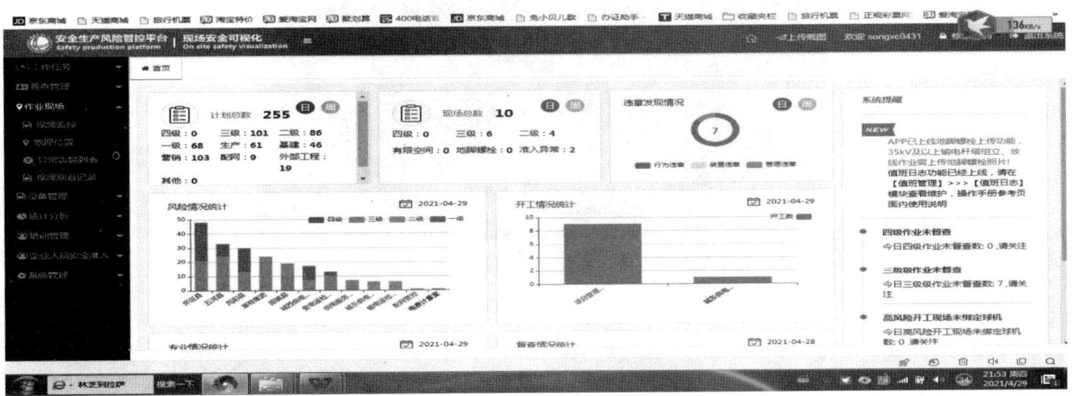

图 5–3

（2）单击被查现场绑定的球机，如图 5-4 所示。

图 5–4

(3)单击“视频抓拍”按钮记录作业行为,如图 5-5 所示

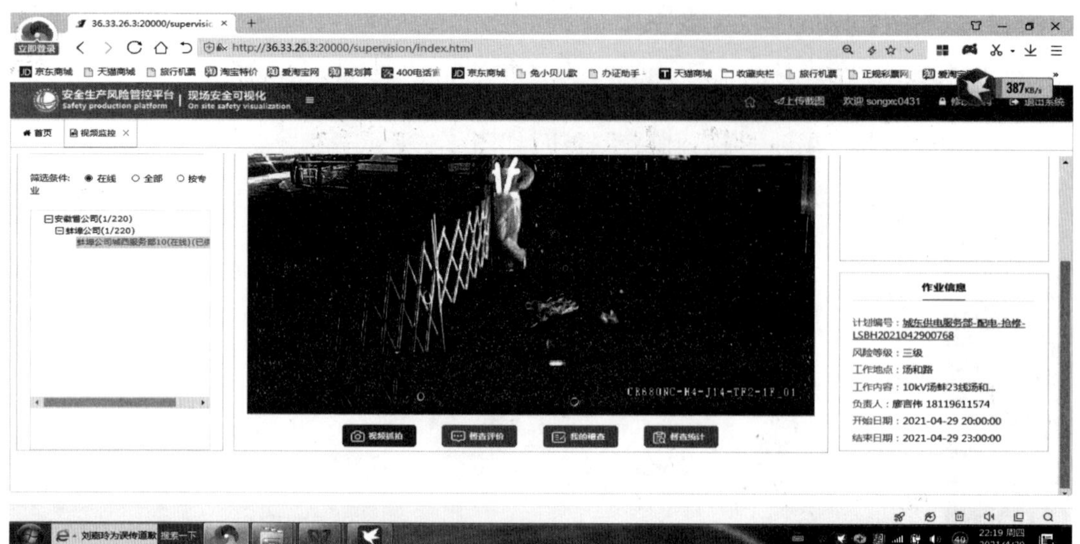

图 5–5

(4)针对违章行为电话告知工作负责人立即整改,如图 5-6 所示。

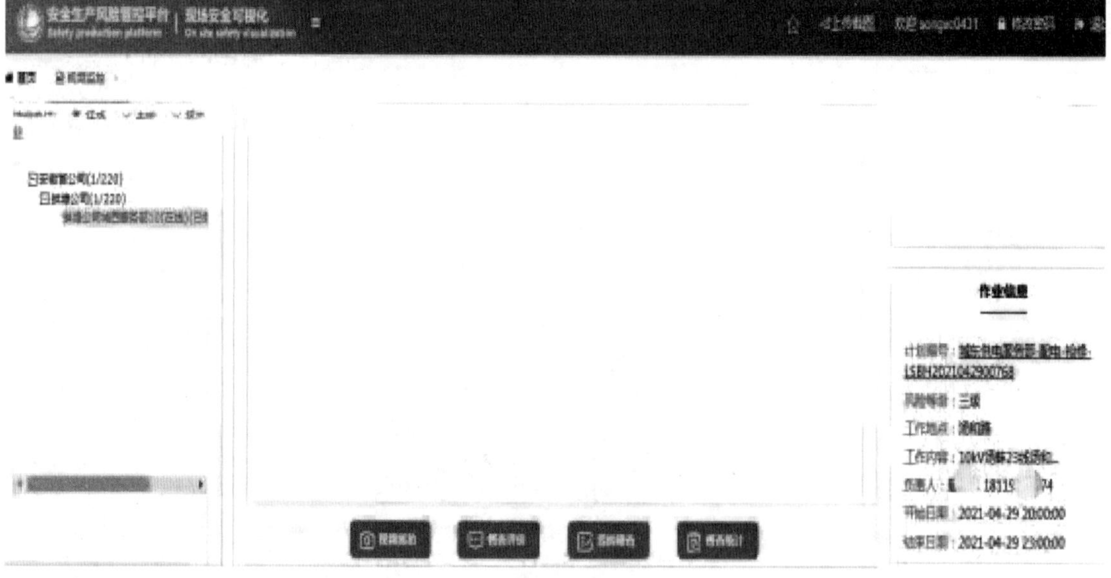

图 5–6

（5）选择上传图片的方式，并对上传的图片进行评价，如图 5-7 所示。

图 5–7

（6）填写督查评价并提交下发，如图 5-8 所示。

图 5–8

2. 电网全时空数字调度示范平台系统常用核查操作流程

（1）常用区块简介。

登录系统后，在右侧导航栏可选择图层切换、图层控制、专题图层等页面，可在左侧导航栏选择地图工具、资源定位、区域定位、预警告警页面。如图 5-9 所示。

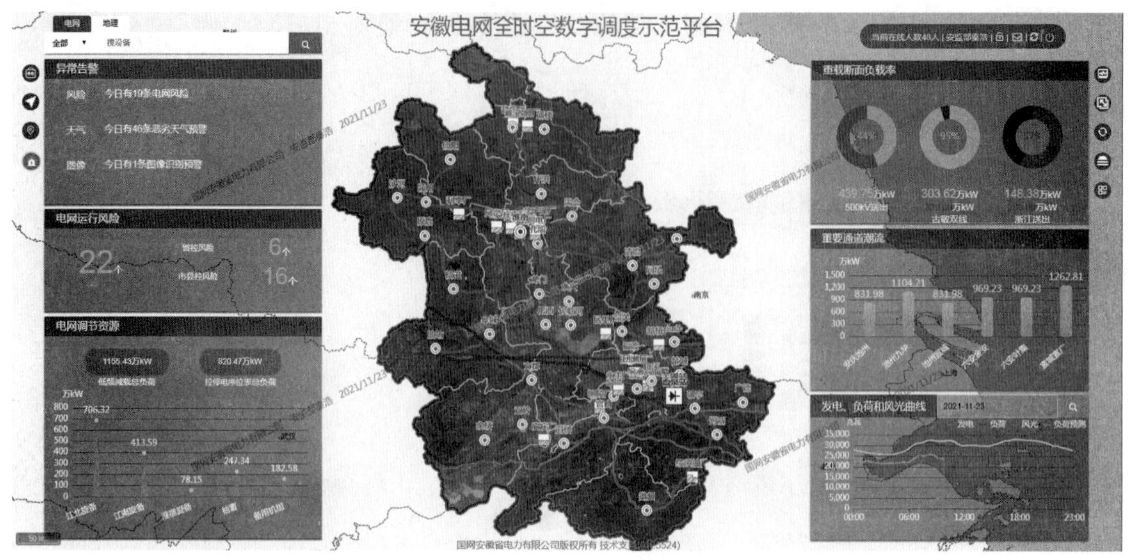

图 5–9

在图层切换栏可选择简图、街道图、卫星图、矢量图、思极矢量图等图层，如图 5-10 所示。

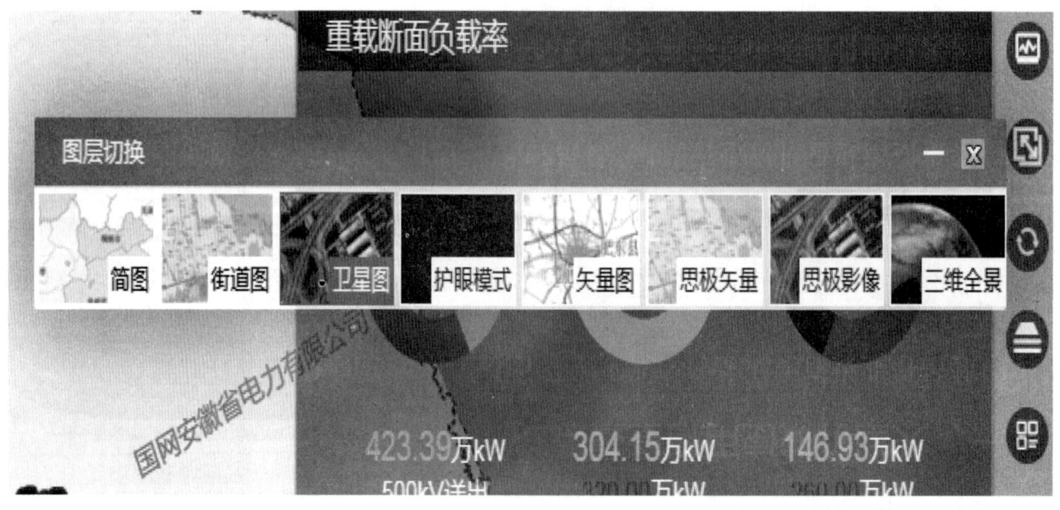

图 5–10

在图层控制栏可根据核查现场的需要选择与之对应的电压等级、设备，也可选择感知设备中的铁塔核查球机应用情况。如图 5-11 所示。

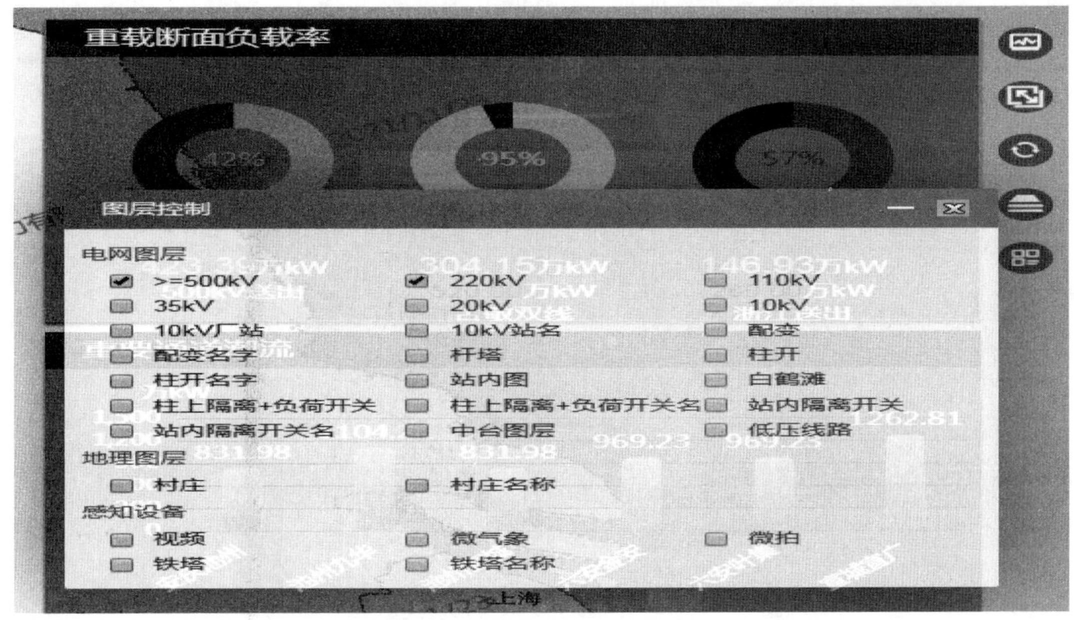

图 5-11

在专题图层栏可选择气象专题、电网专题、配网专题等所需信息。如图 5-12 所示。

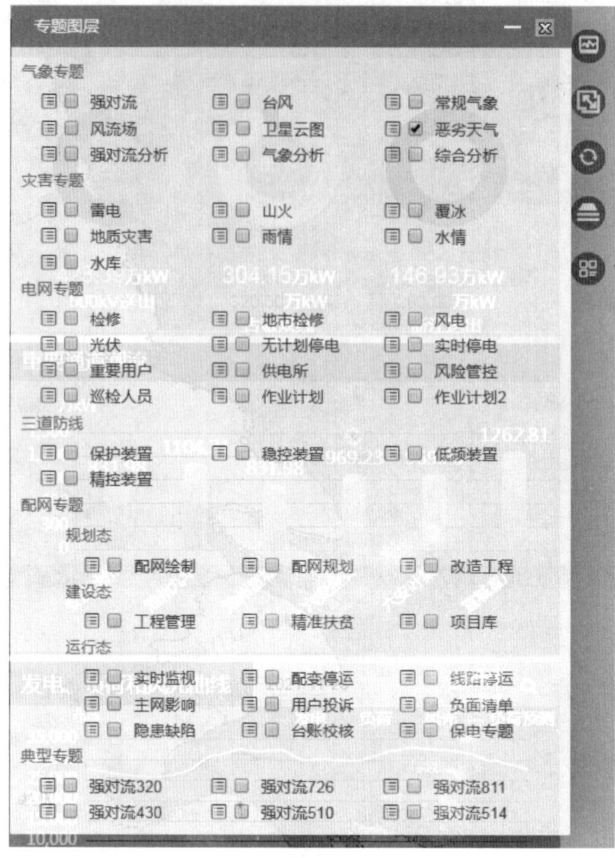

图 5–12

（2）核查操作流程。

在左侧导航栏可以选择作业现场重点核查目标，如线路，在搜索栏输入线路名称，选择图层控制中对应的电压等级设备等，系统将自动定位锁定。如图 5-13 和图 5-14 所示。

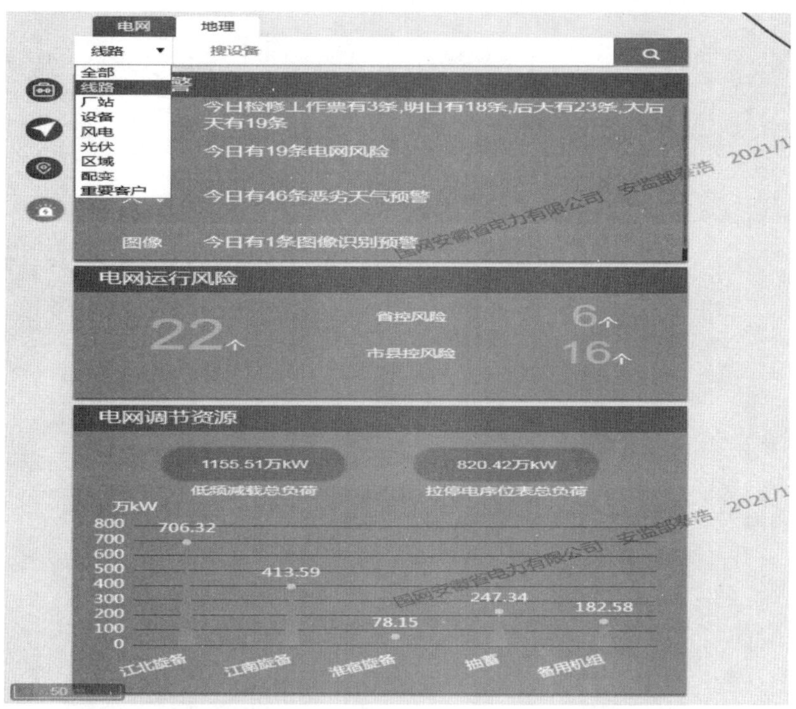

图 5–13

图 5–14

所选核查目标将会在图层中闪烁，利用鼠标滚轮放大后可详细地看出地理位置、附近线路等信息，鼠标右击该目标可查看站内接线、调度图模、三跨计算等常用信息。如图5-15所示。

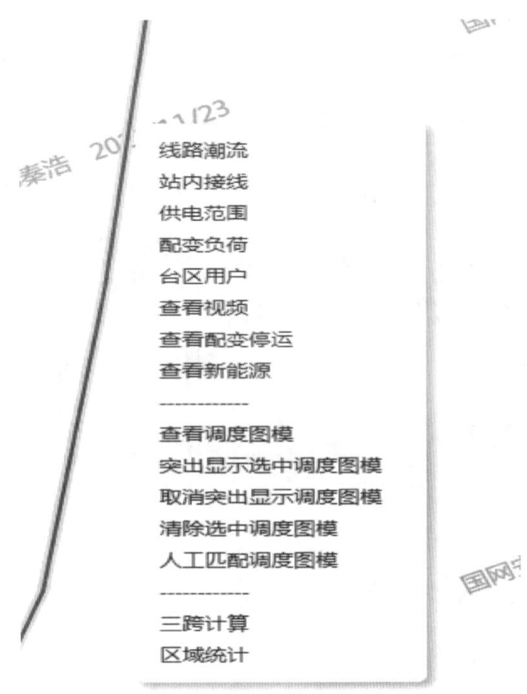

图 5–15

通过站内接线图可核查变电站内安全措施是否执行到位、设备状态等。如图 5-16 所示。

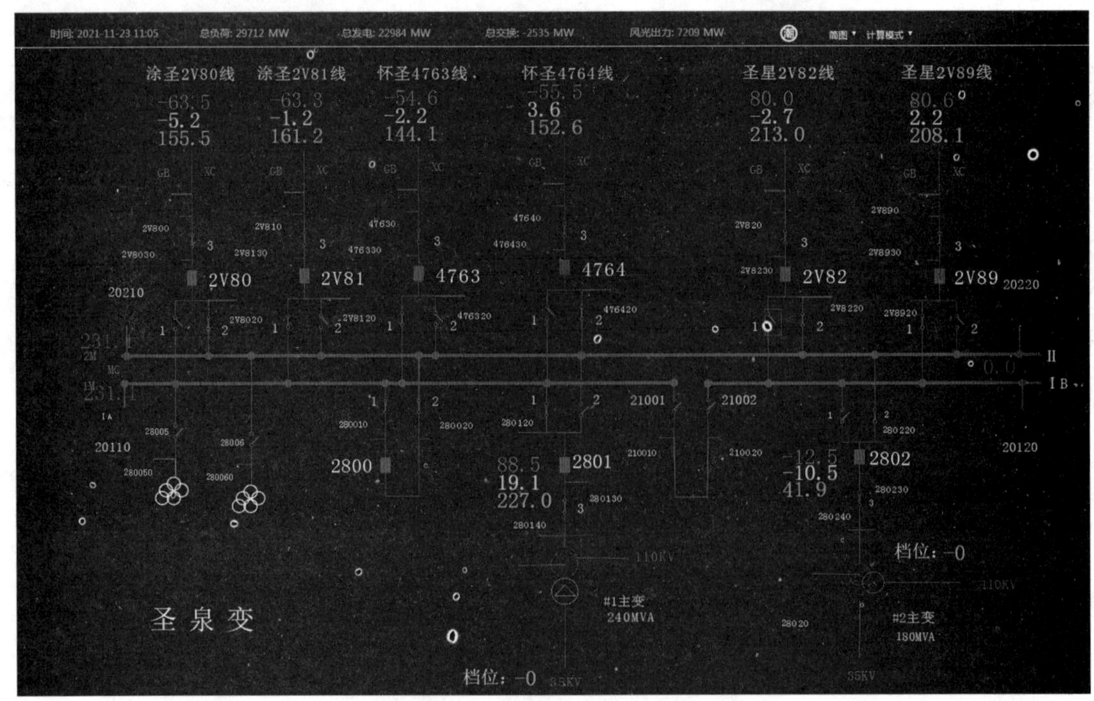

图 5–16

调度图模可核查线路走向、所需做安全措施的具体位置、可能来电侧负荷等关键信息。如图 5-17 所示。

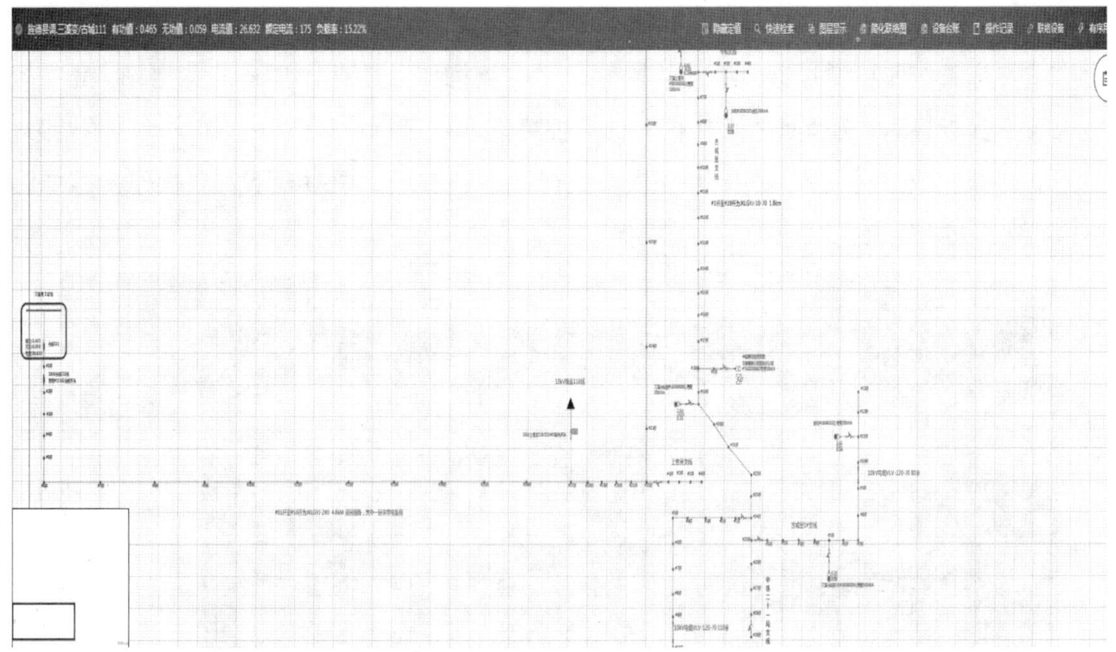

图 5–17

利用三跨计算可准确定位所选目标交叉跨越的线路、高速、河流等。如图 5-18 所示。

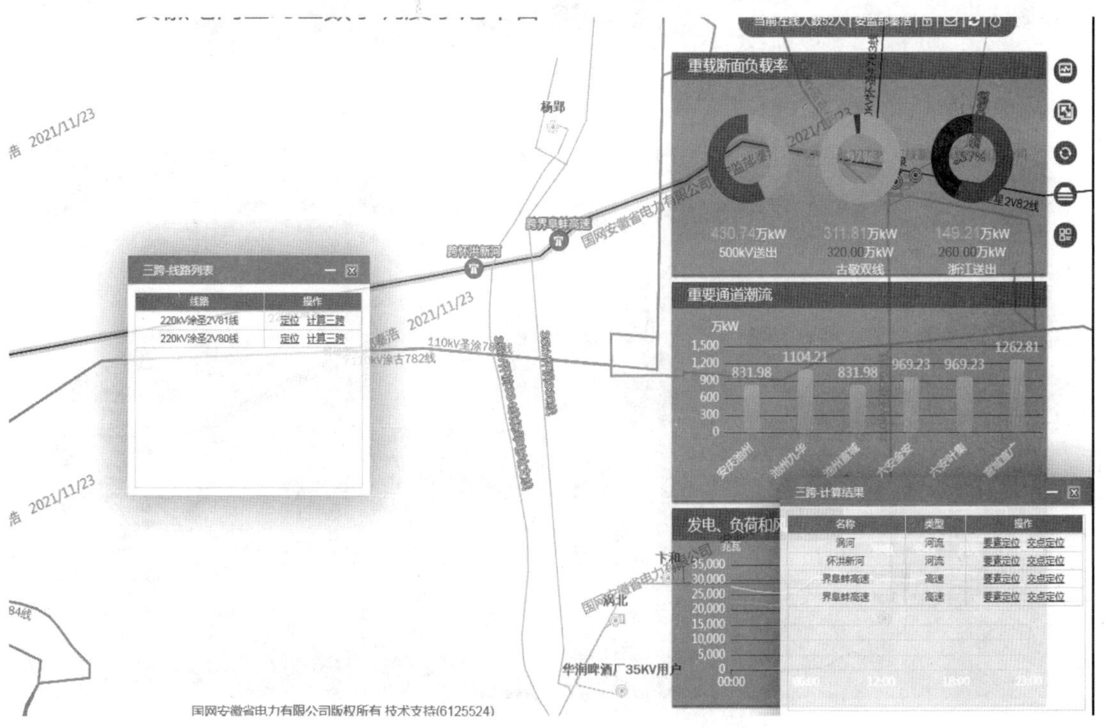

图 5–18

借助电网全时空数字调度示范平台系统可实现作业现场远程核查，对作业现场环境勘察、安全措施布置执行、气象特点等进行精确判断。

3. 变电站内施工视频稽查

站内施工作业可通过安全生产风险管控平台查询作业地点，如 ×× 变电站，登录统一视频平台查找后，选择具体工作位置的监控终端即可进行视频稽查。如发现违章行为，应当立即截图或进行视频录制，并在安全生产风险管控平台中整理下发。操作步骤如图 5-19~ 图 5-22 所示。

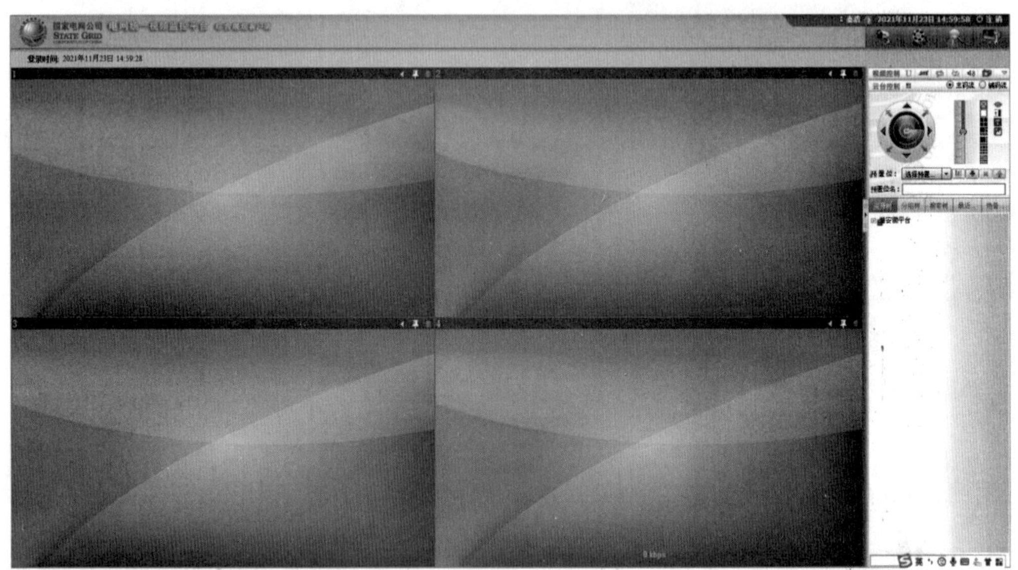

图 5-19

图 5-20

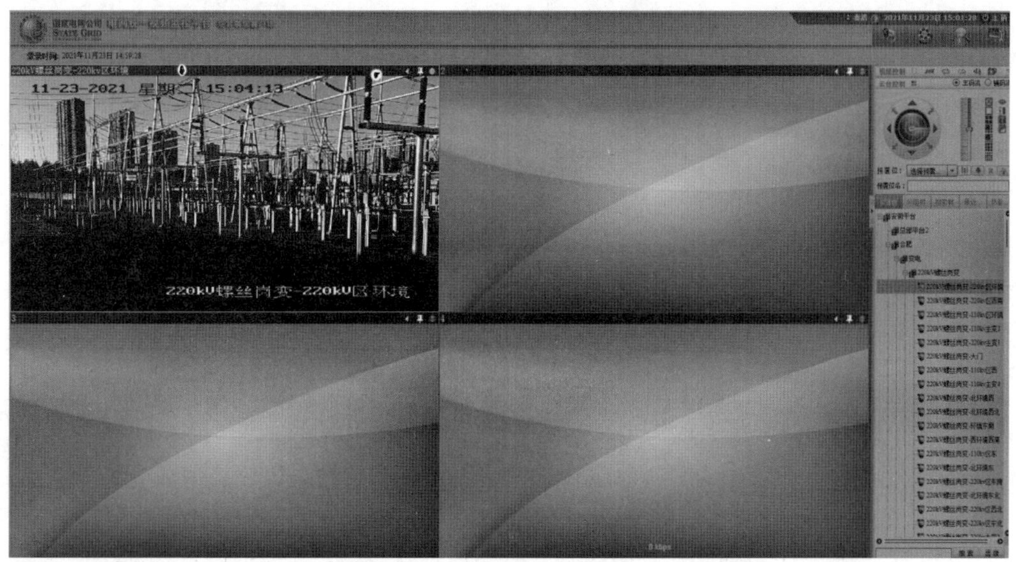

图 5-21

图 5-22

三、现场督察记录编辑

到达作业现场后，打开安全生产风险管控平台 App，点击“现场作业”按钮，如图 5-23 所示。

图 5-23

选择当前作业现场并下拉页面，点击“新建督察计划”按钮，如图 5-24 所示。

图 5-24

确认信息后点击右上方“保存”按钮，随后点击“去执行”按钮，如图 5-25 和图 5-26 所示。

图 5–25

图 5–26

进入督察执行页面后，点击“开始督察”按钮，根据督察要点提示上传相关督察照片并评价，督察结束时点击“结束督察”按钮即可。如图 5-27 和图 5-28 所示。

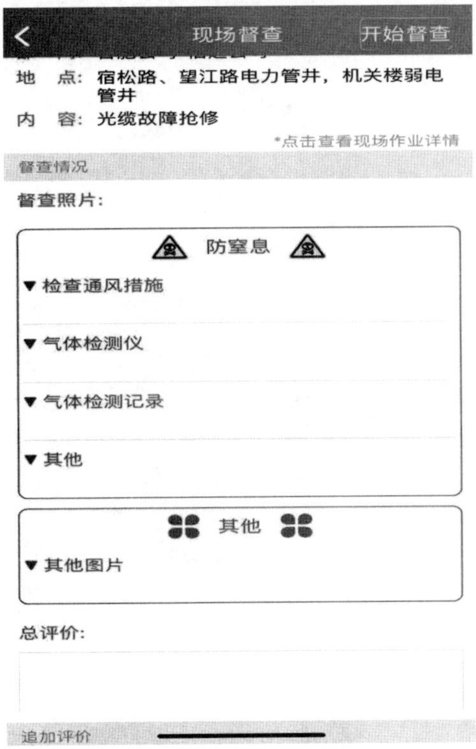

现场督查　开始督查
地　点：宿松路、望江路电力管井，机关楼弱电管井
内　容：光缆故障抢修
*点击查看现场作业详情
督查情况
督查照片：
防窒息
▼ 检查通风措施
▼ 气体检测仪
▼ 气体检测记录
▼ 其他
其他
▼ 其他图片
总评价：
追加评价

图 5–27

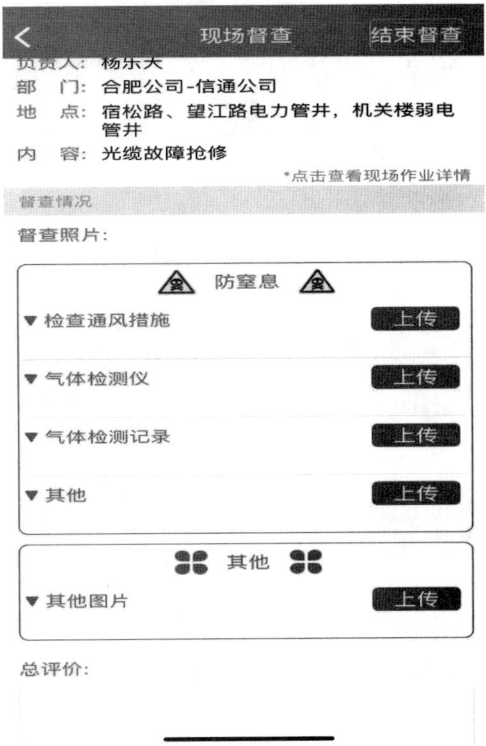

图 5–28

四、线上现场勘察及抢修工作票使用

现场勘察（一）
进入现场勘察模块
工作任务
班组长审核
班组现场
任务分配
现场勘察
作业统计
作业分布
现场作业
督查记录
督查管理
风险提醒
我的稽查
作业
位置
待办
公告
我的
现场勘察列表及筛选条件
可通过组织机构、勘察编号、勘察负责人、勘察内容、勘察记录人等维度筛选勘察记录
现场勘察
筛选
勘察编号
负责人
勘察内容
记录人
搜索条件:勘察编号
勘察编号: KCFK2021102600148A
勘察负责人:
未关联
勘察记录人: 张海龙
勘察单位: 配网一公司
勘察日期: 2021-10-23 09:45:00
工作内容: 高压户外终端头制作
勘察编号: KCFK2021102600139A
勘察负责人:
已关联
勘察记录人: 杨力
勘察单位: 运维服务班
勘察日期: 2021-10-26 15:23:00
工作内容: 两侧电缆头拆除、绝缘测试
勘察编号: KCFK2021102600086A
勘察负责人:
已关联
勘察记录人: 曾伟
勘察单位: 曹村所
勘察日期: 2021-10-26 08:16:00
勘察记录详情
1、可查看勘察计划详细信息以及勘察计划关联的工作任务。
2、可对状态为勘察进行中的计划进行字段编辑。
2、上传现场关键点照片、工作示意图、现场勘察附件等。
3、生成Word版本勘察记录并分享到社交工具。
4、生成对应的抢修类型工作任务。
现场勘察记录
现场勘察记录
编辑
现场勘察附件
现场关键点照片
上传图片
工作示意图
上传图片
现场勘察附件
上传文档
工作任务信息
生成word勘察记录
生成抢修工作任务

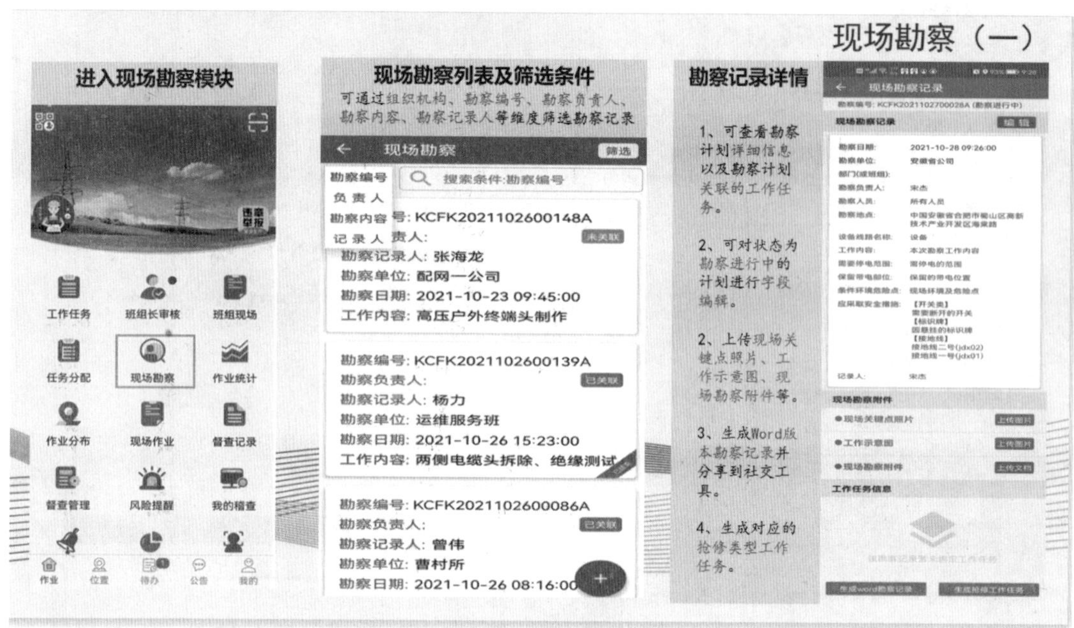

图 5-29

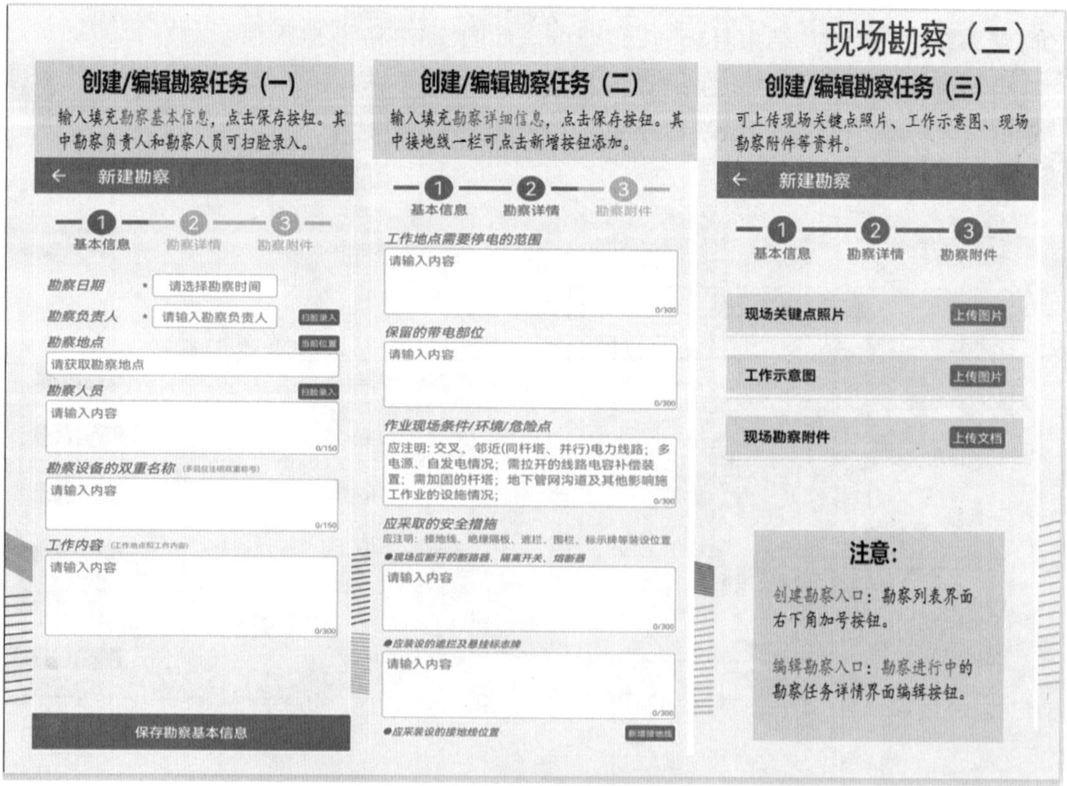

现场勘察（二）
创建/编辑勘察任务（一）
输入填充勘察基本信息，点击保存按钮。其中勘察负责人和勘察人员可扫脸录入。
新建勘察
基本信息
勘察详情
勘察附件
勘察日期
请选择勘察时间
勘察负责人
请输入勘察负责人
扫脸录入
勘察地点
当前位置
请获取勘察地点
勘察人员
扫脸录入
请输入内容
勘察设备的双重名称
请输入内容
工作内容
请输入内容
保存勘察基本信息
创建/编辑勘察任务（二）
输入填充勘察详细信息，点击保存按钮。其中接地线一栏可点击新增按钮添加。
基本信息
勘察详情
勘察附件
工作地点需要停电的范围
请输入内容
保留的带电部位
请输入内容
作业现场条件/环境/危险点
应注明：交叉、邻近(同杆塔、并行)电力线路；多电源、自发电情况；需拉开的线路电容补偿装置；需加固的杆塔；地下管网沟道及其他影响施工作业的设施情况；
应采取的安全措施
●现场应断开的断路器、隔离开关、熔断器
请输入内容
●应装设的遮栏及悬挂标志牌
请输入内容
●应采装设的接地线位置
新增接地线
创建/编辑勘察任务（三）
可上传现场关键点照片、工作示意图、现场勘察附件等资料。
新建勘察
基本信息
勘察详情
勘察附件
现场关键点照片
上传图片
工作示意图
上传图片
现场勘察附件
上传文档
注意：
创建勘察入口：勘察列表界面右下角加号按钮。
编辑勘察入口：勘察进行中的勘察任务详情界面编辑按钮。

图 5-30

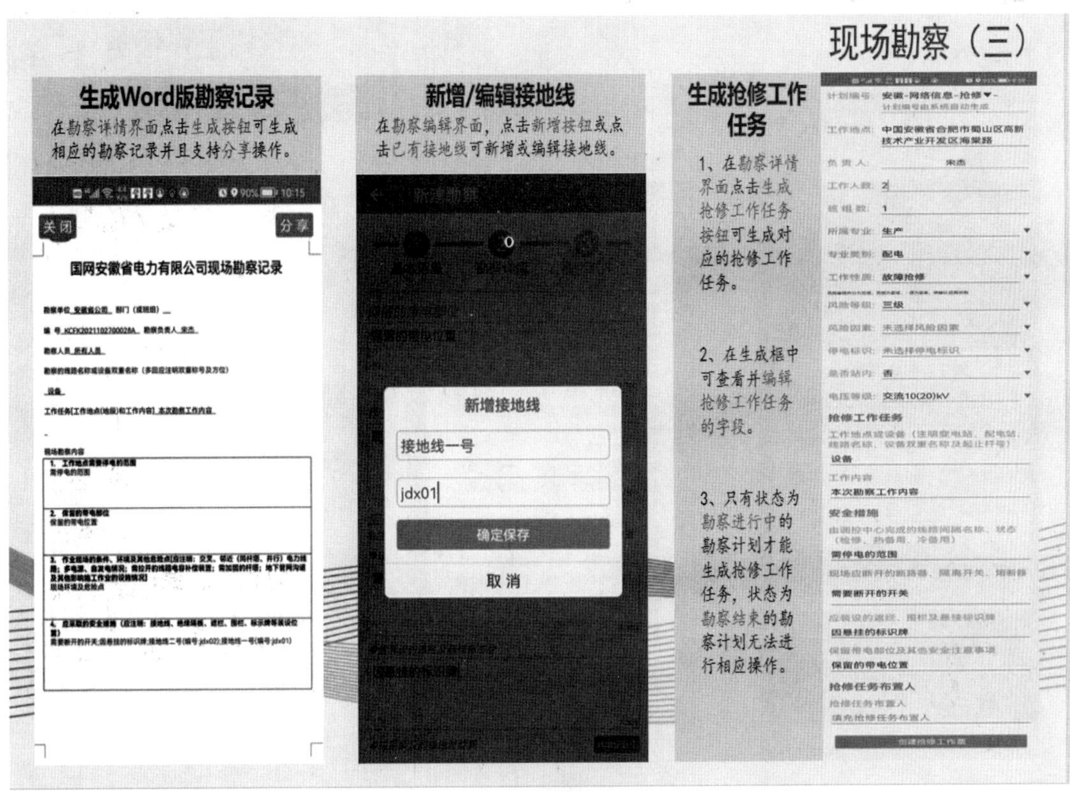
现场勘察（三）
生成Word版勘察记录
在勘察详情界面点击生成按钮可生成相应的勘察记录并且支持分享操作。
关闭
分享
国网安徽省电力有限公司现场勘察记录
新增/编辑接地线
在勘察编辑界面，点击新增按钮或点击已有接地线可新增或编辑接地线。
新增接地线
接地线一号
jdx01
确定保存
取消
生成抢修工作任务
1、在勘察详情界面点击生成抢修工作任务按钮可生成对应的抢修工作任务。
2、在生成框中可查看并编辑抢修工作任务的字段。
3、只有状态为勘察进行中的勘察计划才能生成抢修工作任务，状态为勘察结束的勘察计划无法进行相应操作。

图 5–31

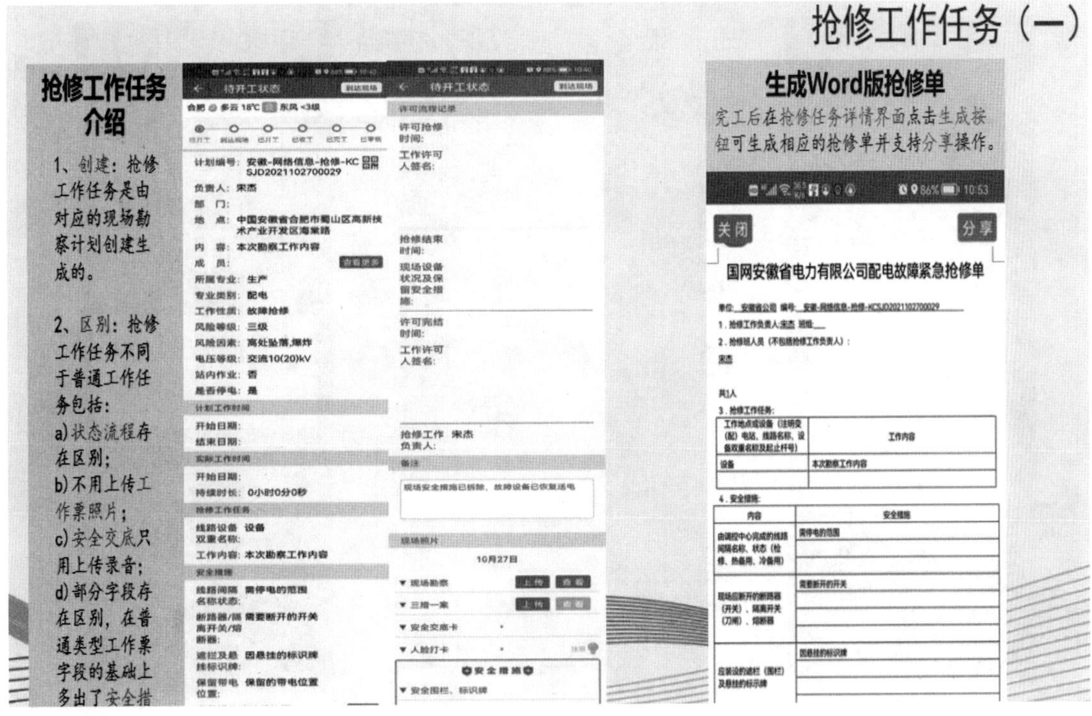
抢修工作任务（一）
抢修工作任务介绍
1、创建：抢修工作任务是由对应的现场勘察计划创建生成的。
2、区别：抢修工作任务不同于普通工作任务包括：
a)状态流程存在区别；
b)不用上传工作票照片；
c)安全交底只用上传录音；
d)部分字段存在区别，在普通类型工作票字段的基础上多出了安全措
生成Word版抢修单
完工后在抢修任务详情界面点击生成按钮可生成相应的抢修单并支持分享操作。
关闭
分享
国网安徽省电力有限公司配电故障紧急抢修单

图 5–32

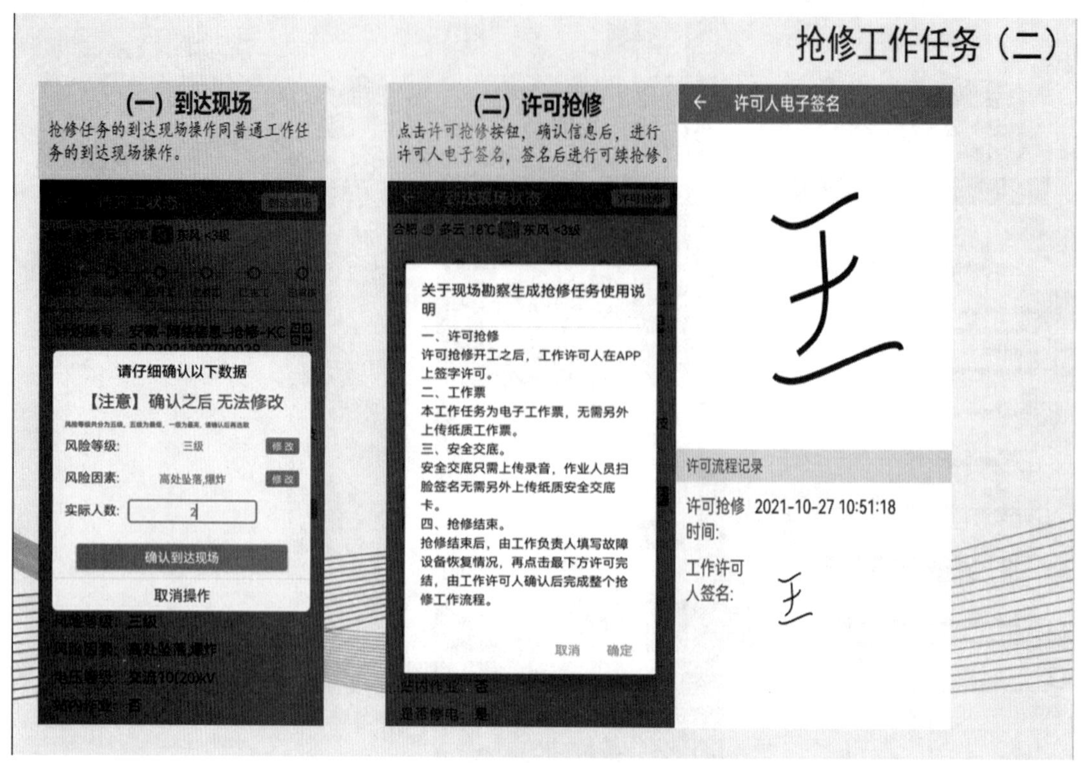
抢修工作任务（二）
（一）到达现场
抢修任务的到达现场操作同普通工作任务的到达现场操作。
请仔细确认以下数据
【注意】确认之后 无法修改
风险等级：
三级
修改
风险因素：
高处坠落,爆炸
修改
实际人数：
2
确认到达现场
取消操作
风险等级：三级
风险因素：高处坠落,爆炸
电压等级：交流10(20)kV
（二）许可抢修
点击许可抢修按钮，确认信息后，进行许可人电子签名，签名后进行可续抢修。
关于现场勘察生成抢修任务使用说明
一、许可抢修
许可抢修开工之后，工作许可人在APP上签字许可。
二、工作票
本工作任务为电子工作票，无需另外上传纸质工作票。
三、安全交底。
安全交底只需上传录音，作业人员扫脸签名无需另外上传纸质安全交底卡。
四、抢修结束。
抢修结束后，由工作负责人填写故障设备恢复情况，再点击最下方许可完结，由工作许可人确认后完成整个抢修工作流程。
取消
确定
是否停电：是
许可人电子签名
许可流程记录
许可抢修时间：
2021-10-27 10:51:18
工作许可人签名：

图 5–33

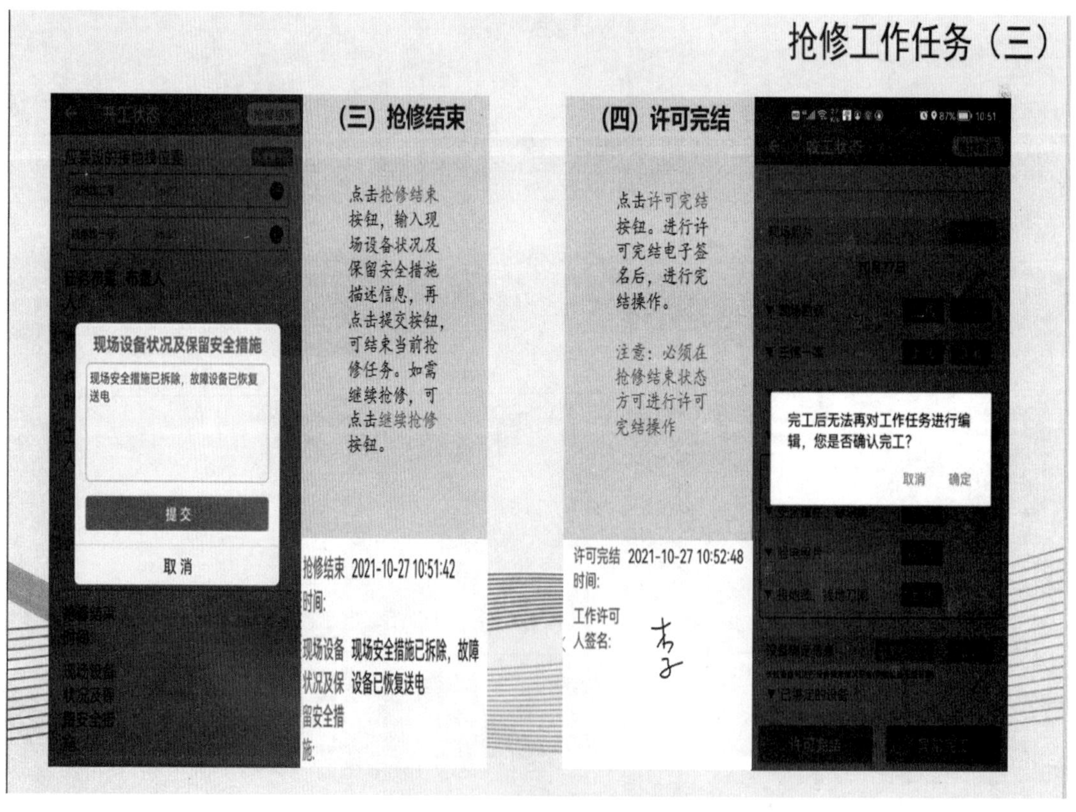
抢修工作任务（三）
（三）抢修结束
点击抢修结束按钮，输入现场设备状况及保留安全措施描述信息，再点击提交按钮，可结束当前抢修任务。如需继续抢修，可点击继续抢修按钮。
现场设备状况及保留安全措施
现场安全措施已拆除，故障设备已恢复送电
提交
取消
抢修结束时间：
2021-10-27 10:51:42
现场设备状况及保留安全措施：
现场安全措施已拆除，故障设备已恢复送电
（四）许可完结
点击许可完结按钮。进行许可完结电子签名后，进行完结操作。
注意：必须在抢修结束状态方可进行许可完结操作
许可完结时间：
2021-10-27 10:52:48
工作许可人签名：
完工后无法再对工作任务进行编辑，您是否确认完工？
取消
确定

图 5–34

关于抢修工作任务的细节方面说明如下。

（1）新增备注字段，随时可以进行修改编辑。

（2）对于处于计划状态的抢修工作任务，点击详情底部的“编辑”按钮可进行编辑。

（3）在抢修工作任务详情中可对接地线信息进行增、删、改操作。

（4）许可完结操作的条件：上传过人脸打卡并且工作任务处于抢修完结状态。

五、异常报备信息审核上报

作业现场若出现视频监控终端因信号问题导致无法正常使用、人员准入打卡异常等特殊情况，可在工作任务详情中选择“异常上报”选项，依次完善上报类型、内容、图片等信息，单击“上报”按钮，由上级安控中心在值班日志中进一步审核上报。如图 5-35 和图 5-36 所示。

图 5-35

图 5-36

第六章 典型违章示例

一、管理违章

管理违章是指各级领导、管理人员不履行岗位安全职责，不落实安全管理要求，不执行安全规章制度等的各种不安全作为。具体示例如表 6-1 所示。

表 6-1 管理违章示例

<table>
<tr><th>序号</th><th>违章内容</th><th>违章现象</th><th>违章等级及判定依据</th></tr>
<tr><td rowspan="4">1</td><td rowspan="4">无计划作业</td><td>现场稽查任务未录入安全风险管控平台</td><td rowspan="4">《国网安徽省电力有限公司外包工程反违章管理规范》闯红线违章第 2 条：无计划施工</td></tr>
<tr><td>通过无记录停电、95598 报备停电抢修信息、站内监控球机、输电全景平台等发现工作任务未录入安全风险管控平台的作业行为</td></tr>
<tr><td>安全风险管控平台计划取消后仍然开展工作</td></tr>
<tr><td>现场或视频稽查发现工作任务与实际工作内容明显不符</td></tr>
<tr><td rowspan="2">2</td><td rowspan="2">工作负责人离开现场</td><td>现场稽查未发现工作负责人或专责监护人在场监督</td><td rowspan="2">《国网安徽省电力有限公司外包工程反违章管理规范》特别严重违章第 1 条：业主、施工和监理项目部关键人员未按要求到岗到位或未履行岗位职责</td></tr>
<tr><td>视频稽查发现工作负责人或专责监护人长时间未在作业现场并经电话核实确认</td></tr>
<tr><td rowspan="2">3</td><td rowspan="2">施工现场提前结束工作计划，现场仍然有人施工</td><td>现场稽查发现安全风险管控平台完工或收工后仍有现场作业行为</td><td rowspan="2">《国网安徽省电力有限公司外包工程反违章管理规范》严重违章第 7 条：工作票终结后仍有人员进行现场局部作业</td></tr>
<tr><td>变电站视频监控球机、输电全景平台视频稽查发现安全风险管控平台完工或收工后仍有现场作业行为</td></tr>
<tr><td rowspan="2">4</td><td rowspan="2">部分人员未在“准入”库内或“准入”不合格</td><td>现场稽查核对安全风险管控平台人脸识别发现作业人员未入库或准入不合格</td><td rowspan="2">《国网安徽省电力有限公司外包工程反违章管理规范》严重违章第 4 条：现场作业人员未办理入场证等资质审查手续即参加施工工作</td></tr>
<tr><td>安全风险管控平台自动识别交底图片人员异常，经人工核准后确认异常信息</td></tr>
<tr><td>5</td><td>无票作业</td><td>安全稽查未见工作票或工作票所列工作内容与实际作业内容不符</td><td>《国网安徽省电力有限公司外包工程反违章管理规范》特别严重违章第 5 条：无票、无施工方案作业，或严重违反施工方案作业</td></tr>
</table>

续　表

序号	违章内容	违章现象	违章等级及判定依据
6	未按照施工方案进行施工作业	安全稽查发现组立、拆除设备的程序与施工方案不符，设备安装、试验操作程序错误等	《国网安徽省电力有限公司安全生产反违章工作管理规范》严重违章第 46 条：未严格执行三措一案中所列的重要安全措施和施工方案
7	施工方案关键安全措施错误	作业安全距离不满足要求且未采取停电措施，组塔、拆塔、带电搭设脚手架等高风险作业的作业方法错误、关键安全风险辨识不全面且未采取针对性的防控措施等	《国网安徽省电力有限公司外包工程反违章管理规范》严重违章第 8 条：未开展现场勘查，或不依据现场勘查结果填写工作票(施工作业票)
8	安全工器具不合格	安全工器具未经检验合规或超出试验周期	《国网安徽省电力有限公司外包工程反违章管理规范》特别严重违章第 7 条：使用未经检验或不合格的安全工器具
		安全工器具外观检查破损	
		使用不规范的安全工器具，如使用 PVC 管代替绝缘护套、绝缘罩等	
9	作业内容与人员安全资质不符	现场稽查发现辅工进行登高作业	《国网安徽省电力有限公司外包工程反违章管理规范》严重违章第 3 条：外协人员或不具备相应资质资格的人员从事登杆等关键工作
		现场稽查发现吊车、挖机或特种设备操作人员证件不合规	
10	擅自扩大工作范围	安全稽查发现作业人员在工作范围以外开展作业	《国网安徽省电力有限公司外包工程反违章管理规范》特别严重违章第 6 条：擅自扩大工作范围
		实际停电范围与工作票或停电申请不符	

二、行为违章

行为违章是指现场作业人员在电力建设、运行、检修等生产活动过程中，违反保证安全的规程、规定、制度、反事故措施等的不安全行为。

违章现象：放紧线作业时，临时拉线地锚桩装设点土质湿软，且未设置挡土板，导致地锚出现明显前倾、上拔现象，如图 6-1 所示。

图 6–1

违章判定依据参考如下。

（1）违反《国网安徽省电力有限公司外包工程反违章管理规范》非基建类外包工程违约责任条款特别严重违章第 15 条：不按规定打拉线，放、紧、撤导线，且存在重大隐患。

（2）违反《安规》[a]（配电部分）“6.4.5 紧线、撤线前，应检查拉线、桩锚及杆塔；必要时，应加固桩锚或增设临时拉线”的规定。

（3）违反《安规》（配电部分）“14.2.5.1 地锚的分布和埋设深度，应根据现场所用地锚用途和周围土质设置”的规定。

a 《安规》全称为《国家电网公司电力安全工作规程》。

违章现象：施工现场未设置临时拉线进行放、紧线作业，如图 6-2 所示。

图 6-2

违章依据参考：违反《国网安徽省电力有限公司安全生产反违章工作管理规范》非基建类外包工程违约责任条款特别严重违章第 16 条：杆基不牢登杆作业；攀登有明显横向贯通裂纹的电杆；新立杆塔的杆基尚未完全夯实、地脚螺栓未按要求紧固，或未装设临时拉线前攀登电杆进行放线、紧线作业；带张力的线路杆塔上有人工作时调整或拆除拉线以及校正电杆。

违章现象：施工人员攀登基础未夯实的电杆，如图 6-3 所示。

图 6–3

违章依据参考：违反《国网安徽省电力有限公司安全生产反违章工作管理规范》严重违章第 17 条：攀登不稳固且无保护措施杆塔或有明显裂纹的电杆，登杆前不检查基础、杆根、爬梯和拉线是否正常。

违章现象：穿越下层未经接地的高压支线，在上层高压线路上装设接地线，如图 6-4 所示。

图 6–4

违章依据参考如下。

（1）违反《国网安徽省电力有限公司外包工程反违章管理规范》非基建类外包工程违约责任条款闯红线违章第 4 条：未采取绝缘隔离或遮蔽等安全措施，穿越带电部位。

（2）违反《国网安徽省电力有限公司安全生产反违章工作管理规范》严重违章第 24 条：装设的接地线不符合规定或接地线连接不可靠，不按规定和顺序装拆接地线。

违章现象：杆塔上有人工作时调整拉线，如图 6-5 所示。

图 6–5

违章依据参考：违反《国网安徽省电力有限公司安全生产反违章工作管理规范》安全生产典型违章行为违章第 31 条严重违章：杆塔上有人作业时调整或拆除拉线以及校正电杆。

违章现象：在电杆上有导线的情况下整体放倒电杆，如图 6-6 所示。

图 6–6

违章依据参考：违反《国网安徽省电力有限公司安全生产反违章工作管理规范》安全生产典型违章行为违章第 33 条严重违章：在电杆上有导线的情况下整体放倒电杆。

违章现象：放线工作前，钢管塔基础未夯实，地脚螺栓未紧固、打毛，如图 6-7 所示。

图 6–7

违章依据参考如下。

（1）违反《国网安徽省电力有限公司安全生产反违章工作管理规范》安全生产典型违章行为违章第 32 条严重违章：在新立杆塔的杆基尚未完全夯实、地脚螺栓未安装紧固，或未装设临时拉线前攀登电杆进行放线、紧线作业。

（2）违反《国网安徽省电力有限公司安全生产反违章工作管理规范》基建类外包工程违约责任条款严重违章第 24 条：架线施工前未对铁塔螺栓、地脚螺栓安装紧固情况进行复查，关键部位塔材有缺失。

违章现象：现场台区杆号错误，现场因部分台区拆除，低压负荷转移至村部台区，但杆号牌未及时更换，如图 6-8 所示。

图 6–8

违章依据参考如下。

（1）违反《安规》（配电部分）“6.6.7 及 6.7.5 经核对停电检修线路的名称、杆号无误，验明线路确已停电并挂好地线后，工作负责人方可宣布开始工作”的规定。

（2）违反《安规》（配电部分）“6.7.2 工作负责人在接受许可开始工作命令前，应与工作许可人核对停电线路双重称号无误”的规定。

违章现象：作业现场未设置安全围栏，作业点下方聚集较多居民，落物伤人风险较高，如图 6-9 所示。

图 6–9

违章依据参考如下。

（1）违反《国网安徽省电力有限公司安全生产反违章工作管理规范》安全生产典型违章行为违章第 44 条严重违章：在行人道口或人口密集区从事高处作业，工作地点下面不设围栏，未设专人看守或其他安全措施。

（2）违反《安规》（配电部分）“4.5.12 城区、人口密集区或交通道口和通行道路上施工时，工作场所周围应装设遮栏（围栏），并在相应部位装设警告标示牌；必要时，派人看管”的规定。

违章现象：登高作业人员独自开展登高作业，不在工作负责人视线范围内，失去监护，如图 6-10 所示。

图 6–10

违章依据参考：违反《安规》（配电部分）“5.2.6.13 单人操作时，禁止登高或登杆操作”的规定。

违章现象：安全交底签字栏内吊车驾驶员未签字，如图 6-11 所示。

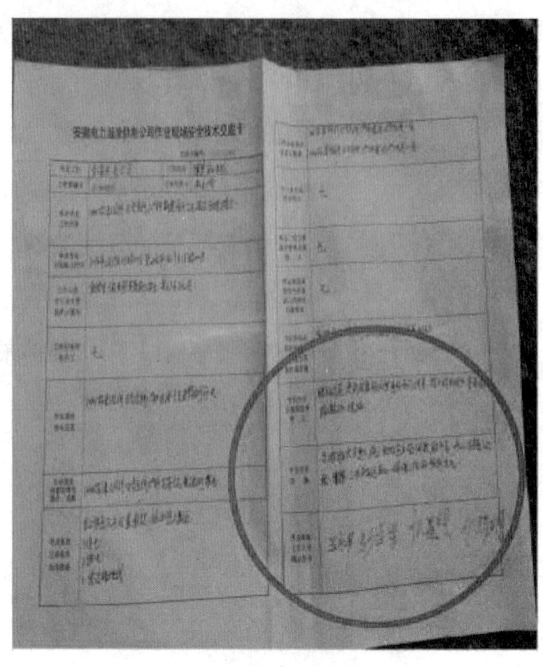

图 6-11

违章依据参考：违反《安规》（配电部分）“16.1.2 重大物件的起重、搬运工作应由有经验的专人负责，作业前应进行技术交底；起重搬运时只能由一人统一指挥，必要时可设置中间指挥人员传递信号；起重指挥信号应简明、统一、畅通，分工明确”的规定。

违章现象：倒闸操作票未填写执行时间，如图 6-12 所示。

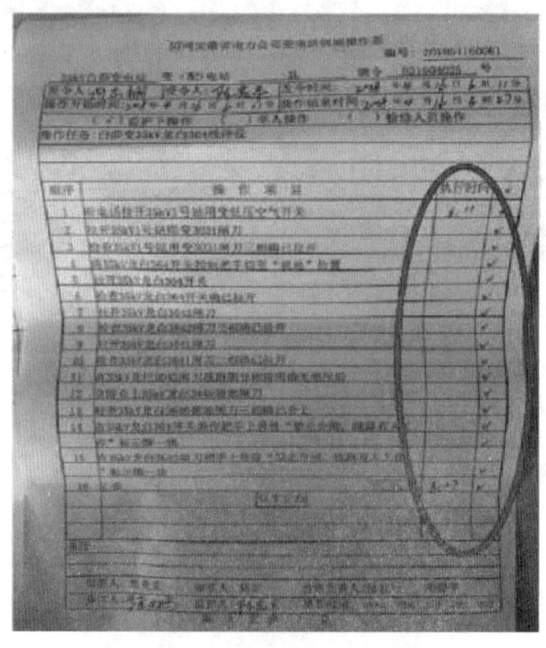

图 6-12

违章依据参考：违反《变电设备倒闸操作票管理规定》附录 3 倒闸操作票栏目的填写规范中“执行时间：指操作该项目的开始时间，需要填写每一项操作的开始时间，中途有分项回报的，其回报和开始时间也要填写，中途因故暂停操作的要填写相应时间”的规定。

违章现象：现场部分已投运线路未设置杆号牌，包括部分现场装设接地线杆塔也未设置，如图 6-13 所示。

图 6–13

违章依据参考：违反《安规》（配电部分）“6.7.5 为防止误登有电线路，应采取以下措施：每基杆塔应设识别标记（色标、判别标帜等）和线路名称、杆号”的规定。

违章现象：现场低压负荷开关已断开但并未悬挂标示牌，如图 6-14 所示。

图 6–14

违章依据参考：违反《安规》（配电部分）“4. 5.10 低压开关（熔丝）拉开（取下）后，应在适当位置悬挂‘禁止合闸，有人工作’或‘禁止合闸，线路有人工作！’标示牌”的规定。

违章现象：手扳葫芦的封口损坏，如图 6-15 所示。

图 6–15

违章依据参考：违反《安规》（配电部分）“14.2.6.1 使用链条（手扳）葫芦前应检查吊钩、链条、转动装置及制动装置”的规定。

违章现象：为防止反送电，工作人员已将工作区域用户电表箱开关拉开，但未上锁和加挂“禁止合闸，线路有人工作 !”标示牌，如图 6-16 所示。

图 6–16

违章依据参考：违反《安规》（配电部分）“4.4.2 当验明检修的低压配电线路、设备确已无电压后，至少应采取以下措施之一防止反送电：在断开点加锁、悬挂‘禁止合闸，有人工作 !’或‘禁止合闸，线路有人工作 !’的标示牌”的规定。

违章现象：绞磨机卷筒钢丝绳缠绕不足 5 圈，如图 6-17 所示。

图 6–17

违章依据参考：违反《安规》（电网建设部分）“5.1.3.4 卷筒应与牵引绳保持垂直，牵引绳应从卷筒下方卷入，且需排列整齐，通过磨芯时不得重叠或相互缠绕，在卷筒或磨芯上缠绕不得少于 5 圈，绞磨卷筒与牵引绳最近的转向滑车应保持 5 m 以上的距离”的规定。

违章现象：放紧线作业时，将临时拉线固定在临近的灌木上，如图 6-18 所示。

图 6–18

违章依据参考如下。

（1）违反《国网安徽省电力有限公司外包工程反违章管理规范》安全生产典型违章第28条严重违章：将临时拉线固定在有可能移动或不牢固的物体上。

（2）违反《安规》（配电部分）“6.3.6 使用临时拉线的安全要求：不得利用树木或外露岩石作受力桩；临时拉线不得固定在有可能移动或其他不可靠的物体上”的规定。

违章现象：工作人员穿越下层未停电的低压线路攀登至杆塔顶端开展作业，如图 6-19 所示。

图 6–19

违章依据参考如下。

（1）违反《国网安徽省电力有限公司外包工程反违章管理规范》非基建类外包工程乙方违约责任条款闯红线违章第 4 条：未采取绝缘隔离或遮蔽等安全措施，穿越带电部位。

（2）违反《安规》（配电部分）“6.5.2 禁止作业人员穿越未停电接地或未采取隔离措施的绝缘导线进行工作”的规定。

（3）违反《安规》（配电部分）“8.2.3 高低压同杆（塔）架设，在下层低压带电导线未采取绝缘隔离措施或未停电接地时，作业人员不得穿越”的规定。

违章现象：配电房门及内部配电柜门不上锁，如图 6-20 所示。

图 6–20

违章依据参考：违反《安规》（配电部分）“2.1.7 进出配电站、开闭所应随手关门”的规定。

违章现象：放紧线作业时，使用白棕绳制作临时拉线，如图 6-21 所示。

图 6–21

违章依据参考：违反《国网安徽省电力有限公司外包工程反违章管理规范》非基建类外包工程乙方违约责任条款严重违章第 17 条：使用麻绳、导线、已超出报废标准和不满足荷载标准的钢丝绳或强力绳制作临时拉线。

违章现象：接地线与接地桩连接螺栓松动，连接不可靠，如图 6-22 所示。

图 6–22

违章依据参考如下。

（1）违反《国网安徽省电力有限公司安全生产反违章工作管理规范》安全生产典型违章行为违章第 24 条严重违章：装设的接地线不符合规定或接地线连接不可靠，不按规定和顺序装拆接地线。

（2）违反《安规》（配电部分）“4.4.9 装设的接地线应接触良好、连接可靠”的规定。

违章现象：作业人员佩戴安全帽时不系下颏带，如图 6-23 所示。

图 6-23

违章依据参考：违反《安规》（配电部分）“14.5.2 安全帽：使用前，应检查帽壳、帽衬、帽箍、顶衬、下颏带等附件完好无损；使用时，应将下颏带系好，防止工作中前倾后仰或其他原因造成滑落”的规定。

违章现象：使用梯子辅助登高时，无人员扶梯，如图 6-24 所示。

图 6-24

违章依据参考：违反《国家电网有限公司电力建设安全工作规程（第 2 部分：线路）》“8.4.4.1e 梯子应放置稳固，梯脚要有防滑装置；使用前，应先进行试登，确认可靠后方可使用；有人员在梯子上开展作业时，梯子应有人扶持和监护”的规定。

违章现象：工作地段内分支线路未装设接地线，如图 6-25 所示。

图 6-25

违章依据参考如下。

（1）违反《国网安徽省电力有限公司安全生产反违章工作管理规范》安全生产典型违章行为违章第 3 条特别严重违章：不挂接地线施工，或作业人员在接地线保护范围外工作。

（2）违反《安规》（配电部分）“4.4.1 当验明确已无电压后，应立即将检修的高压配电线路和设备接地并三相短路，工作地段各端和工作地段内有可能反送电的各分支线都应接地”的规定。

违章现象：现场 10 kV 接地线接地端装设不规范（接地端埋深不足 60 cm），如图 6-26 所示。

图 6-26

违章依据参考：违反《国网安徽省电力有限公司外包工程反违章管理规范》非基建类外包工程违约责任条款严重违章第 12 条：不按操作顺序装、拆接地线，或接地端（导体端）连接不可靠。

违章现象：接地线直接装设于绝缘导线上，与金属部分无接触，如图 6-27 所示。

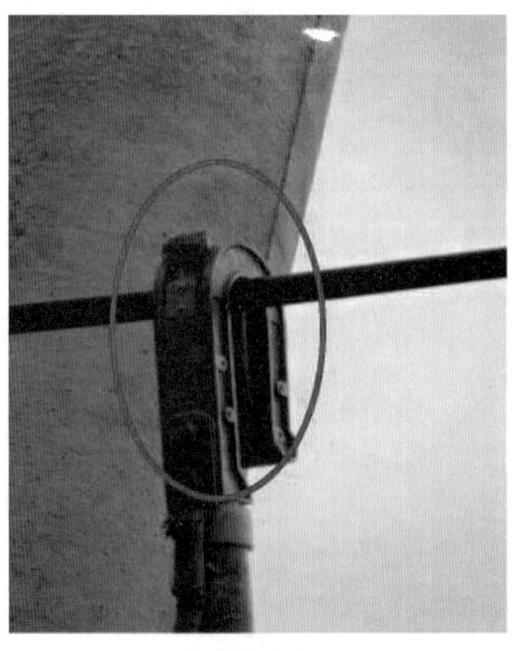

图 6-27

违章依据参考如下。

（1）违反《国网安徽省电力有限公司外包工程反违章管理规范》非基建类外包工程违约责任条款严重违章第 12 条：不按操作顺序装、拆接地线，或接地端（导体端）连接不可靠。

（2）违反《安规》（配电部分）“4.4.5 在配电线路和设备上，接地线的装设部位应是与检修线路和设备电气直接相连去除油漆或绝缘层的导电部分；绝缘导线的接地线应装设在验电接地环上”的规定。

违章现象：上层 10 kV 线路带电，下层交叉展放 400 V 导线作业，上下层导线间距不足 1 m，如图 6-28 所示。

图 6–28

违章依据参考：违反《国网安徽省电力有限公司外包工程反违章管理规范》安全生产典型违章第 22 条严重违章：放线、撤线与紧线时，导线与带电线路安全距离不足，或临近带电设备未采取防止导线弹跳措施。

违章现象：绞磨拉线固定在临近的工程车上，如图 6-29 所示。

图 6–29

违章依据参考：违反《国网安徽省电力有限公司安全生产反违章工作管理规范》安全生产典型违章行为违章第 28 条严重违章：将临时拉线固定在有可能移动或不牢固的物体上。

违章现象：使用汽车拖曳导线进行放紧线作业，如图 6-30 所示。

图 6–30

违章依据参考：违反《安规》（配电部分）“6.4.3 工作前应检查确认放线、紧线与撤线工具及设备符合要求”的规定。

违章现象：临时拉线使用低压导线进行代替，如图 6-31 所示。

图 6–31

违章依据参考：违反《国网安徽省电力有限公司安全生产反违章工作管理规范》安全生产典型违章行为违章第 29 条严重违章：使用麻绳、导线、已超出报废标准和不满足荷载标准的钢丝绳或强力绳制作临时拉线。

违章现象：低压线路停电作业，利用漏电保护器切断电源，未取下爆丝，无明显断开点，如图 6-32 所示。

图 6-32

违章依据参考：违反《安规》（配电部分）“8.3.3 在低压用电设备上停电工作前，应断开电源、取下熔丝，加锁或悬挂标示牌，确保不误合”的规定。

违章现象：接地线采用缠绕的方法连接，如图 6-33 所示。

图 6-33

违章依据参考如下。

（1）违反《国网安徽省电力有限公司安全生产反违章工作管理规范》安全生产典型违章行为违章第 24 条严重违章：装设的接地线不符合规定或接地线连接不可靠，不按规定和顺序装拆接地线。

（2）违反《安规》（配电部分）"4.4.13 接地线应使用专用的线夹固定在导体上，禁止用缠绕的方法接地或短路"的规定。

违章现象：15 m 电杆埋深不够，不足 2.3 m，如图 6-34 所示。

图 6-34

违章依据：违反《国网安徽省电力有限公司城农网工程水泥电杆防倒杆十项技术措施（试行）》"严格电杆埋深；硬质黏土地质条件下，12 m 电杆埋深不少于 1.9 m，15 m 电杆埋深不少于 2.3 m，18 m 电杆埋深不少于 2.8 m；其他类地质条件、配电变压器台架、同杆多回等电杆埋深以施工图为准"的规定。

违章现象：吊车右前支腿放置在松软土质上，未加垫枕木，现场已发生沉降现象，如图 6-35 所示。

图 6-35

违章依据参考：违反《国网安徽省电力有限公司外包工程反违章管理规范》非基建类外包工程违约责任条款严重违章第 26 条：吊车起重作业时，吊车未支撑平稳、在软基区域未采取防沉降措施、绳套设置位置不当、起重索具绑扎不符合要求或吊钩闭锁销失效；在近电区域作业时，未可靠接地。

违章现象：现场作业人员未佩戴安全帽，如图 6-36 所示。

图 6–36

违章依据参考：违反《安规》（配电部分）“2.1.6 进入作业现场应正确佩戴安全帽，现场作业人员还应穿全棉长袖工作服、绝缘鞋”的规定。

违章现象：台区客户经理在抢修过程中，擅自扩大工作范围，无票、无人监护、未佩戴安全帽擅自开展登杆作业，如图 6-37 所示。

图 6–37

违章依据参考：违反《国网安徽省电力有限公司安全生产反违章工作管理规范》安全生产典型违章行为违章第 7 条特别严重违章：擅自扩大工作范围、工作内容或擅自变更现场安全措施。

违章现象：高处作业人员未使用安全带，如图 6-38 所示。

图 6–38

违章依据参考如下。

（1）违反《国网安徽省电力有限公司安全生产反违章工作管理规范》安全生产典型违章行为违章第 13 条特别严重违章：高空作业未采取安全防护措施。

（2）违反《安规》（变电部分）“15.1.5 在没有脚手架或者在没有栏杆的脚手架上工作，高度超过 1.5 m 时，应使用安全带，或采取其他可靠的安全措施”的规定。

违章现象：主变上作业人员未采取相应防高坠措施，如图 6-39 所示。

图 6–39

违章依据参考如下。

（1）违反《国网安徽省电力有限公司安全生产反违章工作管理规范》安全生产典型违章行为违章第 13 条特别严重违章：高空作业未采取安全防护措施。

（2）违反《安规》（变电部分）“15.1.3 高处作业均应先搭设脚手架、使用高空作业车、升降平台或采取其他防止坠落措施，方可进行”的规定。

违章现象：变电站内作业时，现场接地装设完成后，未上锁，如图 6-40 所示。

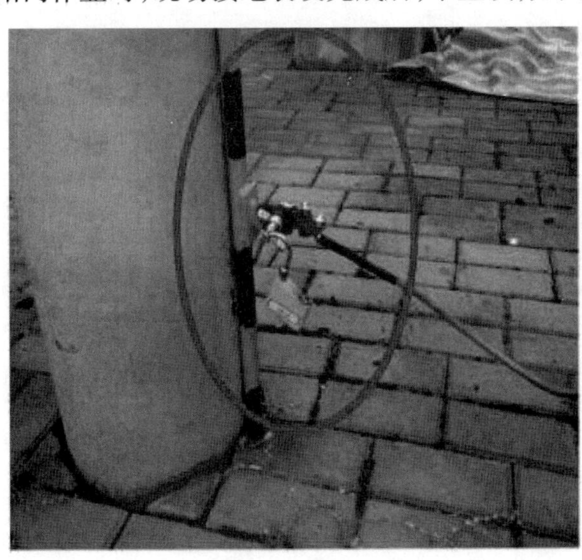

图 6–40

违章依据参考：违反《安规》（变电部分）“4.4.9 装设接地线应先接接地端，后接导体端，接地线应接触良好，连接应可靠；拆接地线的顺序与此相反；装、拆接地线均应使用绝缘棒和戴绝缘手套；人体不得碰触接地线或未接地的导线，以防止触电；带接地线拆设备接头时，应采取防止接地线脱落的措施”的规定。

违章现象：作业人员在门形架上移位时，同时解开安全带围杆带及后备保护绳，防高坠措施落实不到位，如图 6-41 所示。

图 6–41

违章依据参考：违反《国网安徽省电力有限公司安全生产反违章工作管理规范》安全生产典型违章行为违章第 13 条特别严重违章：高空作业未采取安全防护措施。

违章现象：站内作业时，工作班成员擅自移动安全围栏，如图 6-42 所示。

图 6–42

违章依据参考：违反《安规》（变电部分）“4.5.8 禁止作业人员擅自移动或拆除遮栏（围栏）、标示牌；因工作原因必须短时移动或拆除遮栏（围栏）、标示牌，应征得工作许可人同意，并在工作负责人的监护下进行；完毕后应立即恢复”的规定。

违章现象：隔离带电设备的硬质遮拦上未悬挂标示牌，如图 6-43 所示。

图 6–43

违章依据参考：违反《安规》（变电部分）“4.5.5 在带电设备四周装设全封闭围栏时，围栏上悬挂适当数量的‘止步，高压危险！’标示牌，标示牌应朝向围栏外面”的规定。

违章现象：变电站作业现场使用金属脚手架，如图 6-44 所示。

图 6–44

违章依据参考：违反《安规》（变电部分）“13.1.11 在变、配电站（开关站）的带电区域内或临近带电线路处，禁止使用金属梯子”的规定。

违章现象：现场气瓶倒放在地上，如图 6-45 所示。

图 6–45

违章依据参考：违反《安规》（变电部分）“13.5.11 使用中的氧气瓶和乙炔气瓶应垂直放置并固定起来，氧气瓶和乙炔气瓶的距离不得小于 5 m，气瓶的放置地点不准靠近热源，应距离明火 10 m 以外”的规定。

违章现象：氧气瓶和乙炔气瓶混放，如图 6-46 所示。

图 6–46

违章依据参考：违反《国网安徽省电力有限公司安全生产反违章工作管理规范》严重违章第 23 条：易燃、易爆物品或各种气瓶不按规定运输、存放、使用。

违章现象：变电站内作业，使用软铜线作为吊车接地线，采用缠绕方式连接，连接处油漆未清除，如图 6-47 所示。

图 6–47

违章依据参考：违反《国网安徽省电力有限公司外包工程反违章管理规范》非基建类外包工程违约责任条款严重违章第 26 条：吊车起重作业时，吊车未支撑平稳、在软基区域未采取防沉降措施、绳套设置位置不当、起重索具绑扎不符合要求或吊钩闭锁销失效；在近电区域作业时，未可靠接地。

违章现象：现场接地线设置不符合规范，接地端均直接夹在金属油漆表面，如图 6-48 所示。

图 6–48

违章依据参考如下。

（1）违反《国网安徽省电力有限公司安全生产反违章工作管理规范》安全生产典型违章行为违章第 24 条严重违章：装设的接地线不符合规定或接地线连接不可靠，不按规定和顺序装拆接地线。

（2）违反《安规》（变电部分）“4.4.8 在配电装置上，接地线应装在该装置导电部分的规定地点，这些地点的油漆应刮去，并划有黑色标记”的规定。

违章现象：工作地点出入口未悬挂标示牌，如图 6-49 所示。

图 6–49

违章依据参考：违反《安规》（变电部分）“4.5.5 在室外高压设备上工作，应在工作地点四周装设围栏，其出入口要围至临近道路旁边，并设有‘从此进出！’的标示牌”的规定。

违章现象：现场作业人员穿拖鞋施工，现场工作负责人、监护人未及时制止，如图 6-50 所示。

图 6–50

违章依据参考如下。

（1）违反《安规》（配电部分）“2.1.6 进入作业现场应正确佩戴安全帽，现场作业人员应穿全棉长袖工作服、绝缘鞋”的规定。

（2）违反《安规》（变电部分）“3.2.10.2 工作负责人（监护人）：督促、监护工作班成员遵守本规程，正确使用劳动防护用品和执行现场安全措施”的规定。

（3）违反《安规》（变电部分）“3.2.10.4 专责监护人：监督被监护人员遵守本部分和现场安全措施，及时纠正不安全行为”的规定。

违章现象：试验人员未使用绝缘垫，如图 6-51 所示。

图 6–51

违章依据参考：违反《安规》(变电部分）“11.1.6 高压试验作业人员在全部加压过程中，应精力集中，随时警戒异常现象发生，操作人员应站在绝缘垫上”的规定。

违章现象：吊车尾部距离电压互感器过近，且未采取接地防护措施，如图 6-52 所示。

图 6–52

违章依据参考如下。

（1）违反《国网安徽省电力有限公司安全生产反违章工作管理规范》安全生产典型违章行为违章第21条严重违章：在带电设备附近进行吊装作业，安全距离不够且未采取有效措施。

（2）违反《国网安徽省电力有限公司外包工程反违章管理规范》非基建类外包工程违约责任条款严重违章第26条：吊车起重作业时，吊车未支撑平稳、在软基区域未采取防沉降措施、绳套设置位置不当、起重索具绑扎不符合要求或吊钩闭锁销失效；在近电区域作业时，未可靠接地。

违章现象：起重作业，箱体吊起，多人在正下方逗留，如图6-53所示。

图6–53

违章依据参考如下。

（1）违反《国网安徽省电力有限公司安全生产反违章工作管理规范》安全生产典型违章行为违章第41条严重违章：在起吊或牵引过程中，受力钢丝绳周围、上下方、内角侧和起吊物下面，有人逗留和通过；吊运重物时从人头顶通过或吊臂下站人。

（2）违反《安规》（变电部分）“14.2.1.5 禁止与工作无关人员在起重工作区域内行走或停留”的规定。

违章现象：高处平台边沿作业，未采取任何安全措施，如图 6-54 所示。

图 6–54

违章依据参考如下。

（1）违反《国网安徽省电力有限公司安全生产反违章工作管理规范》安全生产典型违章行为违章第 13 条特别严重违章：高空作业未采取安全防护措施。

（2）违反《安规》（变电部分）“15.1.4 在屋顶以及其他危险的边沿进行工作，临空一面应装设安全网或防护栏杆，否则，作业人员应使用安全带”的规定。

违章现象：起重作业时，起吊物下方有人员开展作业，如图 6-55 所示。

图 6-55

违章依据参考如下。

（1）违反《国网安徽省电力有限公司安全生产反违章工作管理规范》安全生产典型违章行为违章第 41 条严重违章：在起吊或牵引过程中，受力钢丝绳周围、上下方、内角侧和起吊物下面，有人逗留和通过；吊运重物时从人头顶通过或吊臂下站人。

（2）违反《安规》（线路部分）“11.1.8 在起吊、牵引过程中，受力钢丝绳的周围、上下方、转向滑车内角侧、吊臂和起吊物的下面，禁止有人逗留和通过”的规定。

违章现象：塔上作业人员交叉作业，存在高空坠物伤人风险，如图 6-56 所示。

图 6–56

违章依据参考：违反《国网安徽省电力有限公司外包工程反违章管理规范》严重违章第 19 条：垂直交叉作业时，未按要求落实防护措施，存在较大安全隐患。

违章现象：临时拉线固定在路边防撞桩上，如图 6-57 所示。

图 6–57

违章依据参考如下。

（1）违反《国网安徽省电力有限公司安全生产反违章工作管理规范》安全生产典型违章行为违章第 28 条严重违章：将临时拉线固定在有可能移动或不牢固的物体上。

（2）违反《安规》（配电部分）“6.3.6 使用临时拉线的安全要求：临时拉线不得固定在有可能移动或其他不可靠的物体上”的规定。

违章现象：登高作业人员不使用安全带，徒手登高，如图 6-58 所示。

图 6–58

违章依据参考：违反《国网安徽省电力有限公司安全生产反违章工作管理规范》安全生产典型违章行为违章第 13 条特别严重违章：高空作业未采取安全防护措施。

违章现象：脚手架搭设作业时，工作人员均未使用安全带，徒手攀登，如图 6-59 所示。

图 6–59

违章依据参考：违反《国网安徽省电力有限公司安全生产反违章工作管理规范》安全生产典型违章行为违章第 13 条特别严重违章：高空作业未采取安全防护措施。

违章现象：钢丝绳与塔材绑扎处未衬垫软物，如图 6-60 所示。

图 6–60

违章依据参考：违反《安规》(电网建设部分)“9.1.8 组塔过程中应遵守下列规定：钢丝绳与金属构件绑扎处，应衬垫软物”的规定。

违章现象：铁塔吊装现场绞磨使用树木作为锚桩且仅有一人拉磨尾绳，如图 6-61 所示。

图 6–61

违章依据参考如下。

(1)违反《国网安徽省电力有限公司外包工程反违章管理规范》基建外包违约责任条款严重违章第 57 条：组塔过程中，利用树木或外露岩石等受力大小不明物体作牵引或制动等主要受力锚桩。

(2)违反《安规》(电网建设部分)“5.1.3.1 绞磨和卷扬机应放置平稳，锚固应可靠，并应有防滑动措施”的规定。

(3)违反《安规》(电网建设部分)“5.1.3.2 拉磨尾绳不应少于两人，且应位于锚桩后面、绳圈外侧，不得站在绳圈内，距离绞磨不应小于 2.5 m”的规定。

违章现象：基建现场作业人员未佩戴安全帽，如图 6-62 所示。

图 6–62

违章依据参考：违反《安规》（电网建设部分）“3.1.3 进入施工现场的人员应正确佩戴安全帽，根据作业工种或场所需要选配个体防护装备”的规定。

违章现象：铁塔组立后接地装置未及时连接可靠，如图 6-63 所示。

图 6–63

违章依据参考：违反《安规》（电网建设部分）“9.1.8 铁塔组立过程中及电杆组立后，应及时与接地装置连接”的规定。

违章现象：绞磨机卷筒钢丝绳重叠且缠绕不足 5 圈，如图 6-64 所示。

图 6–64

违章依据参考：违反《安规》（电网建设部分）“5.1.3.4 卷筒应与牵引绳保持垂直；牵引绳应从卷筒下方卷入，且排列整齐，通过磨芯时不得重叠或相互缠绕，在卷筒或磨芯上缠绕不得少于 5 圈，绞磨卷筒与牵引绳最近的转向滑车应保持 5 m 以上的距离”的规定。

三、装置违章

装置违章是指生产设备、设施、环境和作业使用的工器具及安全防护用品不满足规程、规定、标准、反事故措施等的要求，不能可靠保证人身、电网和设备安全的不安全状态。

违章现象：绞磨固定钢丝绳套仅使用一根钢丝绳卡连接，强度不足，如图 6-65 所示。

图 6–65

违章依据参考：违反《安规》（线路部分）“14.2.9.4 钢丝绳端部用绳卡固定连接时，绳卡压板应在钢丝绳主要受力的一边，不准正反交叉设置；绳卡间距不应小于钢丝绳直径的 6 倍；绳卡数量应符合表 18 的规定”的规定。

上述违章依据中“表 18”的相关内容如表 6-2 所示。

表 6–2　钢丝绳端部固定用绳卡数量

钢丝绳直径 /mm	7~18	19~27	28~37	38~45
绳卡数量 / 个	3	4	5	6

违章现象：安全工器具试验标签不合格，仅有试验专用章，未填写任何信息，如图 6-66 所示。

图 6–66

违章依据参考：违反《国家电网公司电力安全工器具管理规定》“第二十四条　电力安全工器具经试验或检验合格后，必须在合格的安全工器具上（不妨碍绝缘性能且醒目的部位）贴上‘试验合格证’标签，注明试验人、试验日期及下次试验日期”的规定。

违章现象：使用的 10 kV 验电器无试验合格标签，如图 6-67 所示。

图 6–67

违章依据参考如下。

（1）违反《国网安徽省电力有限公司外包工程反违章管理规范》非基建类外包工程违约责任条款特别严重违章第 7 条：使用未经检验或不合格的安全工器具。

（2）违反《安规》（配电部分）“14.6.2.1 安全工器具应进行国家规定的型式试验、出厂试验和使用中的周期性试验”的规定。

违章现象：软梯未张贴试验标签，如图 6-68 所示。

图 6–68

违章依据参考如下。

（1）违反《国家电网公司电力安全工器具管理规定》“第二十四条　电力安全工器具经试验或检验合格后，必须在合格的安全工器具上（不妨碍绝缘性能且醒目的部位）贴上‘试验合格证’标签，注明试验人、试验日期及下次试验日期”的规定。

（2）违反《安规》（配电部分）“14.6.2.1 安全工器具应进行国家规定的型式试验、出厂试验和使用中的周期性试验”的规定。

（3）违反《安规》（配电部分）“14.6.2.3 安全工器具经试验合格后，应在不妨碍绝缘性能且醒目的部位粘贴合格证”的规定。

违章现象：吊车主吊钩钢丝绳仅来用一根绳卡固定，强度不可靠，如图 6-69 所示。

图 6–69

违章依据参考：违反《安规》（线路部分）“14.2.9.4 钢丝绳端部用绳卡固定连接时，绳卡压板应在钢丝绳主要受力的一边，不准正反交叉设置；绳卡间距不应小于钢丝绳直径的 6 倍；绳卡数量应符合表 18 的规定”的规定。

违章现象：使用不合格安全带，安全带无试验标签，且破损严重，如图 6-70 所示。

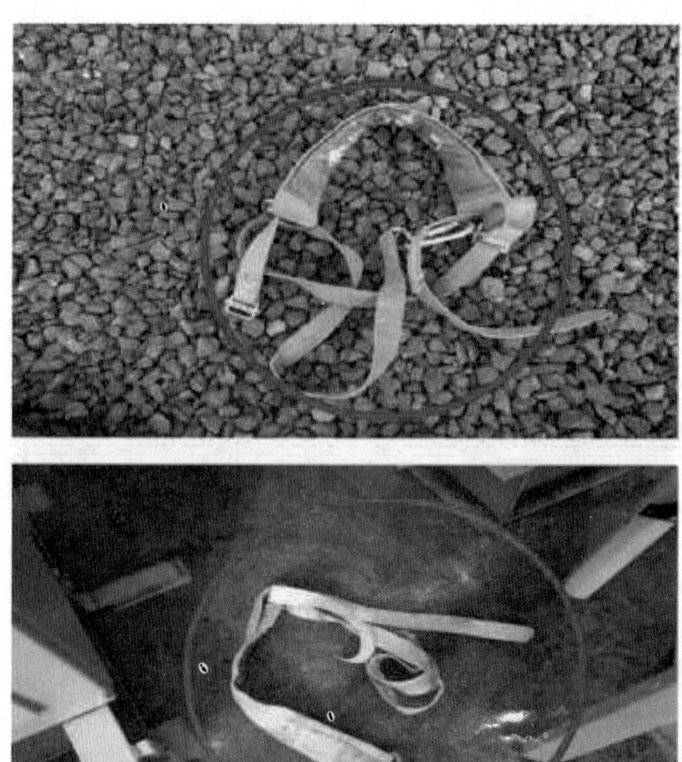

图 6-70

违章依据参考如下。

（1）违反《国网安徽省电力有限公司外包工程反违章管理规范》非基建类外包工程违约责任条款特别严重违章第 7 条：使用未经检验或不合格的安全工器具。

（2）违反《国家电网公司电力安全工器具管理规定》"第二十四条：电力安全工器具经试验或检验合格后，必须在合格的安全工器具上（不妨碍绝缘性能且醒目的部位）贴上'试验合格证'标签，注明试验人、试验日期及下次试验日期"的规定。

违章现象：绳索磨损严重、明显断股，如图 6-71 所示。

图 6–71

违章依据参考：违反《安规》（变电部分）“14.3.5.1 麻绳、纤维绳用作吊绳时，其许用应力不准大于 0.98kN/cm^2；用作绑扎绳时，许用应力应降低 50%；有霉烂、腐蚀、损伤者不准用于起重作业，纤维绳出现松股、散股、严重磨损、断股者禁止使用”的规定。

违章现象：接地线使用螺纹钢、软铜线断股明显，如图 6-72 所示。

图 6-72

违章依据参考如下。

（1）违反《安规》（配电部分）“4.4.9 装设的接地线应接触良好、连接可靠”的规定。

（2）违反《安规》（配电部分）“14.5.5 成套接地线：接地线的两端夹具应保证接地线与导体和接地装置都能接触良好、拆装方便，有足够的机械强度，并在大短路电流通过时不致松脱；使用前应检查确认完好，禁止使用绞线松股、断股、护套严重破损、夹具断裂松动的接地线”的规定。

违章现象：使用其他材质的导线代替接地线的软铜线，且线径不足，接地电阻难以保证，如图 6-73 所示。

图 6–73

违章依据参考：违反《安规》（配电部分）“4.4.13 成套接地线应由有透明护套的多股软铜线和专用线夹组成，接地线截面积应满足装设地点短路电流的要求，且高压接地线的截面积不得小于 25mm²，低压接地线和个人保安线的截面积不得小于 16mm²；接地线应使用专用的线夹固定在导体上，禁止用缠绕的方法接地或短路；禁止使用其他导线接地或短路”的规定。

违章现象：工器具无试验合格标志，如图 6-74 所示。

图 6–74

违章依据参考：违反《安规》(配电部分)“14.6.2.3 安全工器具经试验合格后，应在不妨碍绝缘性能且醒目的部位黏贴合格证”的规定。

违章现象：现场使用宽幅验电器，如图 6-75 所示。

图 6–75

违章依据参考如下。

（1）违反《安规》（配电部分）“4.3.1 配电线路和设备停电检修，接地前，应使用相应电压等级的接触式验电器或测电笔，在装设接地线或合接地刀闸处逐相分别验电”的规定。

（2）违反《安规》（配电部分）“14.5.4 绝缘操作杆、验电器和测量杆：允许使用电压应与设备电压等级相符”的规定。

违章现象：梯子无试验标签、限高标识，如图 6-76 所示。

图 6–76

违章依据参考如下。

（1）违反《安规》（配电部分）“17.4.2 单梯的横档应嵌在支柱上，并在距梯顶 1 m 处设限高标志”的规定。

（2）违反《安规》（配电部分）“14.1.2 现场使用的机具、安全工器具应经检验合格”的规定。

违章现象：登高板绳松股，绑扎不紧，如图 6-77 所示。

图 6-77

违章依据参考：违反《安规》（配电部分）“14.5.7　脚扣和登高板：禁止使用金属部分变形和绳（带）损伤的脚扣和登高板”的规定。

违章现象：现场使用的接地线不合格，存在断股，如图 6-78 所示。

图 6-78

违章依据参考如下。

（1）违反《安规》（配电部分）“4.4.9 装设的接地线应接触良好、连接可靠”的规定。

（2）违反《安规》（配电部分）“14.5.5 成套接地线：接地线的两端夹具应保证接地线与导体和接地装置都能接触良好、拆装方便，有足够的机械强度，并在大短路电流通过时不致松脱；使用前应检查确认完好，禁止使用绞线松股、断股、护套严重破损、夹具断裂松动的接地线”的规定。

违章现象：现场堆放已经损坏的麻绳，未退场或做报废处理，如图 6-79 所示。

图 6–79

违章依据参考：违反《安规》（电网建设部分）“5.3.1.5.3 旧绳、用于捆绑或在潮湿状态时应按允许拉力减半使用；使用前应逐段检查，霉烂、腐蚀、断股或损伤者不得使用，绳索不得修补使用”的规定。

违章现象：链条葫芦无封口部件，如图 6-80 所示。

图 6–80

违章依据参考：违反《安规》(电网建设部分)“5.3.1.8.1 使用前应检查和确认吊钩及封口部件、链条、转动装置及刹车装置可靠，转动灵活正常”的规定。

违章现象：UT 线夹的螺帽未紧固，拉线较松，如图 6-81 所示。

图 6–81

违章依据参考如下。

（1）违反《10kV 及以下架空线路的拉线》“3.3.2.4　UT 型线夹或花篮螺栓的螺杆应露扣，并应有不小于 1/2 螺杆丝扣长度可供调紧；调整后 UT 型线夹的双螺母应并紧，花篮螺栓应封固（可使用铅丝缠绕）”的规定。

（2）违反《10kV 及以下架空线路的拉线》“4.2.7 拉线位置与电杆的夹角正确，金具齐全，连接牢固，同杆的各条拉线均受力正常”的规定。

违章现象：发电机外壳未接地，电源插座未安装漏电保护器，如图 6-82 所示。

图 6–82

违章依据参考。

（1）违反《国网安徽省电力有限公司安全生产反违章工作管理规范》安全生产典型违章装置违章第 6 条严重违章：电气设备外壳无接地。

（2）违反《安规》（配电部分）“14.4.1 连接电动机械及电动工具的电气回路应单独设开关或插座，并装设剩余电流动作保护装置，金属外壳应接地；电动工具应做到‘一机一闸一保护’”的规定。

违章现象：现场使用损坏的检修电源且无漏电保护，如图 6-83 所示。

图 6-83

违章依据参考如下。

（1）违反《国网安徽省电力有限公司外包工程反违章管理规范》基建类外包工程违约责任条款严重违章第 53 条：临时用电未按照“三级配电，两级漏保”原则配置，不满足“一机一闸一保护”的要求。

（2）违反《安规》（变电部分）“13.4.2.1 电气工具和用具应由专人保管，每 6 个月应由电气试验单位进行定期检查；使用前应检查电线是否完好，有无接地线；不合格的禁止使用；使用时应按有关规定接好剩余电流动作保护器（漏电保护器）和接地线；使用中发生故障，应立即修复”的规定。

违章现象：作业人员安全帽损坏，如图 6-84 所示。

图 6–84

违章依据参考：违反《安规》（配电部分）“2.3.1 作业现场的生产条件和安全设施等应符合有关标准、规范的要求，作业人员的劳动防护用品应合格、齐备”的规定。

违章现象：现场使用的施工电源盘插座的接地线已断，如图 6-85 所示。

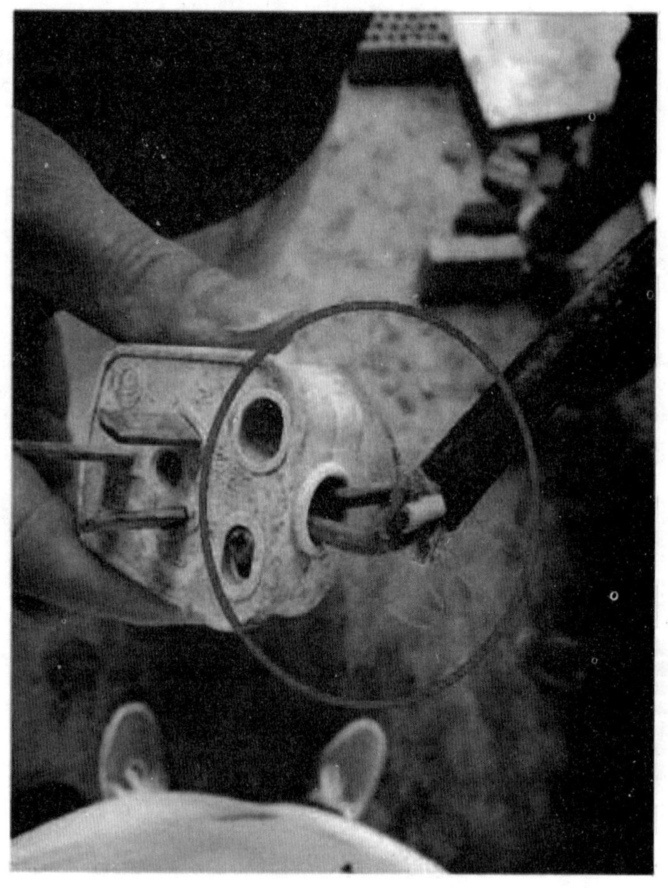

图 6–85

违章依据参考：违反《安规》（变电部分）“13.4.2.1 电气工具和用具应由专人保管，每6个月应由电气试验单位进行定期检查；使用前应检查电线是否完好，有无接地线；不合格的禁止使用；使用时应按有关规定接好剩余电流动作保护器（漏电保护器）和接地线；使用中发生故障，应立即修复”的规定。

违章现象：吊车的吊钩闭锁装置缺失，如图 6-86 所示。

图 6–86

违章依据参考：

（1）违反《国网安徽省电力有限公司外包工程反违章管理规范》非基建类外包工程违约责任条款严重违章第 26 条：吊车起重作业时，吊车未支撑平稳、在软基区域未采取防沉降措施、绳套设置位置不当、起重索具绑扎不符合要求或吊钩闭锁销失效；在近电区域作业时，未可靠接地。

（2）违反《安规》（电网建设部分）“5.3.1.8.1 使用前应检查和确认吊钩及封口部件、链条、转动装置及刹车装置可靠，转动灵活正常”的规定。